电子商务类专业
创新型人才培养系列教材

崔怡文　赵苗 ◎ 主 编

视频编辑与制作

短视频　商品视频　直播视频

视频
指导版

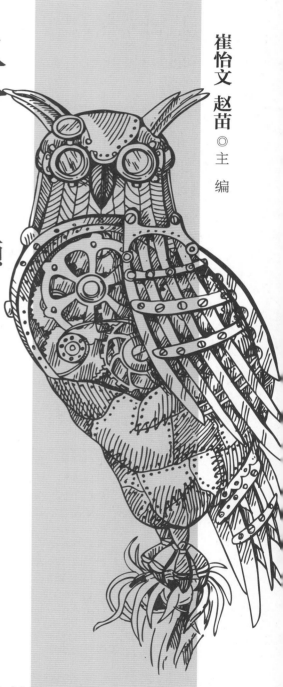

人民邮电出版社
北　京

图书在版编目（CIP）数据

视频编辑与制作：短视频 商品视频 直播视频：视频指导版 / 崔怡文，赵苗主编. -- 北京：人民邮电出版社，2022.3（2023.7重印）

电子商务类专业创新型人才培养系列教材

ISBN 978-7-115-57527-2

Ⅰ．①视… Ⅱ．①崔… ②赵… Ⅲ．①视频制作－高等学校－教材 Ⅳ．①TN948.4

中国版本图书馆CIP数据核字（2021）第247094号

内 容 提 要

当前在网络上，视频有着广泛的用户群体和广阔的发展前景，伴随着短视频的迅猛发展、直播视频的崛起，视频已经成为社交、电商等领域移动互联网的重要入口。本书深入介绍了网络上常见视频拍摄与制作的流程、工具与方法，内容包括网络视频概述，视频制作筹备，视频拍摄技能储备，单反相机拍摄方法，手机拍摄方法，PC端、移动端视频后期编辑，抖音短视频制作实战，商品视频制作实战，以及直播视频调试实战。

本书内容新颖，图文并茂，案例丰富，既适合作为职业院校相关专业的教学用书，也可供网络视频摄像师、视频剪辑师、视频制作师、多媒体设计师等人员学习参考，还可作为从事宣传、推广、营销活动的网络营销人员、新媒体运营人员等的学习用书。

◆ 主　编　崔怡文　赵　苗
　　责任编辑　侯潇雨
　　责任印制　王　郁　彭志环
◆ 人民邮电出版社出版发行　　北京市丰台区成寿寺路 11 号
　　邮编　100164　电子邮件　315@ptpress.com.cn
　　网址　https://www.ptpress.com.cn
　　雅迪云印（天津）科技有限公司印刷
◆ 开本：787×1092　1/16
　　印张：11.75　　　　　　　　　2022 年 3 月第 1 版
　　字数：311 千字　　　　　　　2023 年 7 月天津第 3 次印刷

定价：59.80 元

读者服务热线：（010）81055256　印装质量热线：（010）81055316
反盗版热线：（010）81055315
广告经营许可证：京东市监广登字 20170147 号

前言

随着移动互联网和视频技术的不断进步，当前网络上，视频的传播方式在用户规模、商业模式等方面都得到了快速发展。如今，视频行业的竞争从获取用户转向延长用户留存时长。垂直深耕视频内容和优化用户体验已经成为视频行业发展的主要方向。视频凭借强大的社会影响力和市场渠道覆盖率，不仅给人们的生活、工作、学习带来了方便，还给运营者带来了直接的销售变现的机会。尤其是短视频行业，近年来发展异常迅猛，已经成为几亿人关注、分享和传播信息的重要载体。短视频具有生产流程简单、制作门槛低、社交属性和互动性强、传播速度快、信息密度高等优势，已经成为当下内容创业的新风口。

本书全面贯彻党的二十大精神，将二十大精神与实际工作结合起来，立足岗位需求，以社会主义核心价值观为引领，传承中华优秀传统文化，注重立德树人，培养读者自信自强、守正创新、踔厉奋发、勇毅前行的精神，强化读者的社会责任意识和奉献意识，从而全面提高人才自主培养质量，着力造就拔尖创新人才。本书从视频拍摄与制作技术的角度出发，深入介绍视频拍摄与制作的流程、工具与方法。本书主要具有以下特色。

● 强化应用、注重技能：本书立足网络视频行业的实际应用，内容包含从视频的定位、策划到拍摄制作，从单反相机拍摄到手机拍摄，从PC端视频后期制作到用手机App轻松剪辑视频，从抖音短视频、商品视频的拍摄与制作到直播视频的调试，突出了"以应用为主线，以技能为核心"的编写特点，体现了"导教相融、学做合一"的教学思想。

● 案例主导、学以致用：本书列举了大量视频制作的精彩案例，并详细介绍了案例的操作过程与方法，使读者通过案例演练真正能一学即会、举一反三。

● 图解教学、资源丰富：本书采用图解教学的体例形式，一步一图，以图析文，让读者能在实操过程中更直观、清晰地掌握视频制作的流程、方法与技巧。同时，本书还提供了丰富的PPT、教案、微课视频、案例素材、习题库等立体化的配套资源。选书老师可以登录人邮教育社区（www.ryjiaoyu.com）下载并获取相关教学资源。

● 全彩印刷、品相精美：为了让读者能更清晰、直观地观察视频编辑与制作的效果，本书特意采用全彩印刷，版式精美，让读者能在赏心悦目的阅读体验中快速掌握视频编辑与制作的各种技能。

编者

2023年7月

目录

CONTENTS

第4章 单反相机拍摄方法

第5章 手机拍摄方法

6 第6章 PC端视频后期编辑

7 第7章 移动端视频后期编辑

8 第8章 抖音短视频制作实战

9 　第9章　商品视频制作实战

10 　第10章　直播视频调试实战

第1章

网络视频概述

网络上视频的迅速崛起与广泛应用，大大缩短了人们相互沟通的时间和空间，极大地方便了异地之间真实、直观的交流及信息的共享，改变了人们的工作、学习、娱乐和生活方式。本章围绕网络视频展开，主要介绍网络视频的概念与特点、网络视频的发展概况等，并对短视频进行了详细的介绍。

学习目标

- 了解网络上常见视频的类型与特点。
- 了解短视频的特点、类型，以及其与长视频的区别。
- 熟悉常见的短视频平台。
- 掌握短视频的商业变现方式。

1.1 认识网络视频

认识网络视频之前，我们首先要了解什么是视频信号，以及它与电视信号的区别。视频信号分为模拟视频信号和数字视频信号，当模拟视频数字化后，即可得到数字视频或数字序列图像，数字化是视频压缩编码的基础。而电视信号是典型的模拟视频信号。

网络视频是指将不同格式的模拟视频或数字视频进行处理，转换成适合网络传输的数字视频格式，并通过网络进行传播的一种媒体方式。从内容的角度来讲，网络视频就是在网上传播的视频资源，狭义的网络视频指网络电影、电视剧、新闻、综艺节目、广告等视频节目，广义的网络视频还包括自拍 DV 短片、视频聊天、视频游戏等。

网络视频通过网络传输动态图像，让用户获得的信息比单一文字或图片信息更生动、形象，富有现场感。网络视频与电视信息相比，具有应用范围广、交互性强、内容丰富等特点。

网络视频的内容来源主要包括用户上传原创内容、向专业影像生产机构和代理机构购买版权内容，以及网络视频企业自制内容三种主要渠道，涉及电影、电视剧、综艺节目、体育赛事等文化内容产品的生产与传播。近年来，网络视频用户持续增加，网络视频质量也不断提升，各类网络视频运营平台不断增多，使网络视频行业规模不断扩大，如今网络视频已经成为网络娱乐产业的核心支柱。

1.1.1 网络视频的类型

按照不同的划分标准，可以将网络视频分为不同的类型。

1. 按照网络视频平台运营商的特点分类

按照网络视频平台运营商的特点分类，可以将网络视频分为 5 种类型，即长视频（综合视频）、短视频、网络电视、聚合视频和视频直播，如表 1-1 所示。目前，网络视频的两大支柱为长视频（综合视频）和短视频。

表 1-1 按照网络视频平台运营商的特点分类

网络视频类型	具体平台
长视频（综合视频）	爱奇艺、腾讯视频、搜狐视频等
短视频	快手、抖音、美拍、秒拍等
网络电视	华数 TV、央视影音、风云直播等
聚合视频	360 影视、百度视频等
视频直播	斗鱼、虎牙等

2. 按照制作方式分类

按照制作方式分类，可以将网络视频分为网络直播视频和网络录制视频。

● **网络直播视频**：指利用摄像机直接摄取现场状况，摄取的信息经过压缩编码后，通过网络直接播出，视频呈现与现场发生的事件是同步的，具有很强的实时性。

● **网络录制视频**：指利用摄像机把现场发生的事件拍摄下来，用视频编辑软件进行编辑加工后，再通过网络播放的视频。相对于网络直播视频，网络录制视频在信息传递上具有一定的滞后性。

3. 按照播放方式分类

按照播放方式分类，可以将网络视频分为实时播放和非实时播放。

- 实时播放：指即时视频信息呈现。
- 非实时播放：不以即时视频信息呈现，可分为下载播放和流式播放两种类型。

下载播放：必须将文件全部下载到本地计算机后才能进行播放，需要长时间占用网络带宽和本地存储资源，但播放效果比较流畅。

流式播放：指先下载大约几秒或十几秒的视频内容并存放到缓冲器中，在下载剩余内容的同时开始播放已下载的内容，以保证播放的实时性，对缓冲器容量需求不高，但视频质量无法与下载播放的视频相比，且视频分辨率和帧率较低，在某些情况下不能直接下载保存。

4. 按照业务类型分类

按照业务类型分类，可以将网络视频分为会话或会议型业务和检索型业务。

- 会话或会议型业务：指人与人之间的交互通信，对时延比较敏感，对实时性要求比较高，主要包括视频指挥、视频会议、可视电话、远程教学、远程医疗和即时通信等。
- 检索型业务：通常指人与计算机之间的交互通信，对时延要求不高，但对时延抖动比较敏感，检索型业务通常采用流媒体技术，以确保视频播放的连续性，属于非实时业务，该业务类型主要包括视频新闻、视频广告、视频点播、视频转播等。

5. 按照使用范围分类

按照使用范围分类，可以将网络视频分为个人桌面型、小型群组型和大型团体型。

- 个人桌面型：指以单台计算机方式呈现的视频信息，终端通常采用软件方式实现音频、视频编解码，操作简单、方便，移动性好。
- 小型群组型：指小型会议室以显控方式呈现的视频信息，终端通常采用硬件方式实现音频、视频编解码，视频质量高于个人桌面型，适合多人同时观看。
- 大型团体型：指中大型会议场所以显控方式呈现的视频信息，终端通常采用硬件的方式实现音频、视频编解码，实现机制较为复杂，视频质量要求较高，适合众人同时观看。

➡ 1.1.2 网络视频的特点

网络视频不仅很好地结合了电视的生动、具体的特征，增强了视频的引导力和感染力，还加强了对观众的劝说程度，因此在传播方式上具有明显的优势。此外，网络视频继承了网络的互动性强、覆盖范围广等特点，因此还是一个潜力巨大的信息载体平台。

与传统媒体相比，作为新型媒体的网络视频形成了以下特点。

（1）具有去中心化、互动性强的特点。网络视频在传播过程中打破了传统意义上传者与受众之间的界限，其用户可以对视频进行评论、留言，发表个人态度和看法，还可以在特定的情况上传和下载视频文件。在网络视频中，去中心化的特点得到了充分体现，任何一个网络节点都能生产与发布新的网络视频信息，每一个用户在作为受众的同时也可以是网络视频的生产者和发布者。

（2）内容题材多样，具有同类视频自动推荐、视频利用率高、信息反馈及时的特点。在网络视频中，各种类型的视频并存，时长不一，无论哪种类型的视频，只要用户感兴趣并点开观看后，就会有一系列的同类视频推荐。人们可以在任何时间、任何地点，根据自己的兴趣爱好选择观看不同内容的视频，并且可以重复循环播放，从而提高了视频节目的利用率。

（3）覆盖面广，具有全球性、传播迅速的特点。网络视频传播是以全球海量信息为背景，以海量受众为对象，受众可以随时随地对信息做出反馈。在全球一体化的今天，网络视频信息的传播带来了不同地区、不同社会文化的全方位融合。网络视频以丰富的内容不断改变着人们的生活、娱乐和消费方式。

（4）具有很强的时效性、选择性和保存性，但网络视频可控性较差。网络视频的飞速发展为人们开拓了新的话语环境，开辟了公共舆论空间，实现了大众对现实状态和社会文明的高度关注，对于热点事件或话题，大众会积极参与评论与传播，影响力巨大，容易造成社会舆论的影响。

（5）网络视频在数据传输上还具有数据量巨大、数据类型繁多且差异大、视频信息输入/输出复杂、时空约束等特点。网络视频的数据量巨大，一部电影的数据量即使经过压缩仍然很大。媒体表现形式有图像、声音、动态影像视频、文本等多种形式，即使同一类图像，也分黑白与彩色、高分辨率与低分辨率等多种格式，其差异性体现在媒体存储与传输量的差异、内容的不同、时间与空间的不同等。视频信息包括多通道异步输入和多通道同步输入方式，由于数据输出的类型多，终端设备众多，因此，视频信息输入/输出非常复杂。在网络视频的数据传输中，同一对象的同一媒体及媒体与媒体之间是相互约束、相互关联的，它包括空间及时间上的关联和约束。

→ 1.1.3　网络视频的发展现状

《2019 中国网络视听发展研究报告》显示，截至 2018 年 12 月，我国网络视频用户规模（含短视频）达 7.25 亿，网络视频（含短视频）成为仅次于即时通信的中国第二大互联网应用。该报告完整呈现了 2018 年网络视听行业的发展状况、特点与趋势。随着 5G 技术的发展，网络视听行业还将迎来历史性、突破性发展机遇。

1. 网络视听领域规范管理，营造良好的网络环境

政府相关部门加强对网络视听领域的监管，要求短视频、网络直播企业坚持正确导向，坚持内容管理，严肃整治部分违规平台和节目，以维护网络视听节目传播秩序，保证行业健康、可持续发展。

中国网络视听节目服务协会发布了《网络短视频平台管理规范》和《网络短视频内容审核标准细则》，为规范短视频传播秩序提供了依据。短视频平台上线青少年防沉迷系统，以呵护未成年人健康成长，营造良好的网络环境。

2. 网络视频运营更加专业，娱乐内容生态逐步构建

《中国互联网络发展状况统计报告》数据显示，截至 2019 年 6 月，我国网络视频用户规模达 7.59 亿，占网民整体的 88.8%。各大视频平台进一步细分内容品类，并对其进行专业化生产和运营，行业的娱乐内容生态逐渐形成；各平台以电视剧、电影、综艺、动漫等核心产品类型为基础，不断向游戏、电竞、音乐等新兴产品类型拓展，以知识产权（Intellectual Property，IP）为中心，通过整合平台内外资源实现联动，形成视频内容与音乐、文学、游戏、电商等领域协同的娱乐内容生态。

3. 网络视频付费用户规模迅速扩大，内容付费占比逐年提升

用户付费意愿再提升，网络视频付费会员快速增加。各平台的公开数据显示，2018 年爱奇艺订阅会员用户数达到 8740 万，与 2017 年的 5080 万相比增加了 72%；腾讯视频订阅会员用户数则达到 8900 万，与 2017 年的 5600 万相比增加了近 59%。

国家版权局发布的《中国网络版权产业发展报告（2018）》显示，2018年用户付费市场总规模达355亿元，比上年增长了62.8%。网络视频市场总体收入中，内容付费占比也逐年上升，从2014年的5.6%一路上升到2018年的34.5%。付费人数和金额的双增长反映出用户愿意为精品内容付出消费。

4. 移动互联网使用大幅提高，短视频贡献上网时长反超综合视频

短视频应用对增加网民上网时长贡献显著，2018年12月，手机网民平均每天上网时长达5.69小时，较2017年12月净增62.9分钟，其中短视频的时长增长贡献了整体时长增量的33.1%，排在首位。2018年以来，短视频应用日均使用时长迅速增加，与综合视频应用之间的差距逐步缩小，并在2018年6月实现反超，且优势逐步拉大。

5. 网络视频终端设备多样化，手机屏最普及，电视屏潜力大

网络视频用户使用终端呈多样化特征，其中手机终端数量为7.25亿，用户使用率为99.7%，排在首位；其次是台式计算机，终端数量为3.61亿，用户使用率为49.8%，笔记本电脑、平板电脑的使用率分别为37.9%、32.4%，终端数量分别为2.75亿、2.35亿。互联网电视作为未来智慧家庭生活娱乐的核心入口，截至2018年年底，覆盖终端2.51亿，激活终端1.86亿，其增速快、潜力大，商业前景广阔。

6. 网络剧上新回落，短剧化、分账或成主流，原创剧逐年下降，IP改编受青睐

2018年，全网共上新283部网络剧，较2017年减少了12部，处于增速变缓的变革期。剧情发展趋向短剧化，制片方不再依靠拖长剧情拉动经济收益，视频平台用户相对年轻，对内容节奏有更高的要求，情节推进快的剧集更能吸引用户收看。与此同时，各大视频平台布局分账策略，分账网剧成本相对较低，回报率较高，2018年分账网剧在数量、分账金额上均有突破。

播放热度排名前20的网络剧中，原创剧的数量仅为2部，其余18部全是IP剧，所以IP改编剧依然是影视剧创作中一个主流趋势。年度热剧多为付费独播，古装剧最多。

7. 网络综艺市场竞争激烈，腾讯视频、爱奇艺、优酷、芒果TV四足鼎立

2018年，网络综艺市场整体投资规模达到68亿元，同比增长58.1%，投资规模迅速提升，网络综艺市场进入更为激烈的竞争阶段。全网新上线网络综艺节目162档，较2017年增长14.1%，其中腾讯视频、爱奇艺上新最多，在整体中的占比均为30%以上，优势明显；优酷、芒果TV占比在13%左右。播放热度TOP20网络综艺以独播、真人秀节目为主。

8. 网络电影减量提质，分账模式多元化发展

网络电影整体质量稳步提升，精品化趋势明显，独播、付费比例不断扩大，分账记录再创新高。2018年，新上线网络电影1523部，同比下降19.5%，其中独播网络电影占95.2%，付费电影占88.6%。平台为独家合作影片提供更高分成及补贴，吸引优质内容，保证平台优势。继爱奇艺之后，优酷、腾讯视频也相继公布最新分账模式。网络电影时长进一步向院线电影靠拢，"院网同步"成为新的发行模式。

网络电影类型以爱情、悬疑、动作、喜剧、剧情为主，播放热度TOP20网络电影中动作片数量居多。

9. 网络纪录片蓬勃发展，爆款作品频出

2018年，各大综合视频平台加大了纪实内容的开发与投入，新媒体纪录片产能大增，其影响力

已赶超电视，在吸引年轻受众方面更是占据了绝对优势，带动了纪录片产业整体向好发展。全年新媒体纪录片生产投入占纪录片市场整体的 23.9%，市场份额占 18.9%。

新媒体纪录片具有三个新特点：第一，内容发掘成为各视频平台发展的重点；第二，"工作室制作 + 视频平台"推出的纪录片模式逐渐清晰；第三，新媒体平台对纪录片的传播意识更加明显。

10. 短视频应用在中老年、高学历、高收入人群中加速渗透

短视频用户的变化趋势如下。

（1）短视频忠实用户主要为"90 后""00 后"及学生群体。

（2）短视频忠实用户的性别占比出现反转，男性占比超过女性占比。

（3）高收入、高学历群体对短视频的使用率增长迅速。

（4）短视频应用在中老年群体中加速渗透。

从 2018 年的年中、年底数据对比来看，短视频应用在中老年、低学历（小学及以下）、高学历（本科及以上）、中高收入人群中的使用率提升明显。

➡ 1.1.4 网络视频发展趋势

网络视频在国家政策的正确引导下日益规范，其内容质量不断提高，各视频平台也在积极延伸产业链，探索可持续的商业发展模式。具体来说，网络视频的发展趋势表现在以下方面。

1. "免费内容 + 商业广告"模式将长期存在

网络视频广告是网络视频平台最为基础的收入来源。从行业发展阶段看，行业依然处于用户积累和培育的阶段，企业竞争的关键是用户流量，"免费内容 + 商业广告"模式能够帮助视频平台尽可能地争取用户流量；目前我国的用户付费习惯尚未达到网络视频全面付费化的条件，所以"免费内容 + 商业广告"的商业模式将长期存在，并发挥重要的作用。

2. 内容是核心竞争力，向垂直细分领域发展

细分化领域的"直播 + 内容"模式呈现出更大的发展前景，"直播 + 旅游""直播 + 户外""直播 + 电商"等直播力量正在逐渐形成新的商业模式。在电竞市场的带动下，斗鱼、虎牙等"直播 + 电竞"模式的平台不断崛起。"直播 + 综艺"是综艺节目的新模式，以直播的视角创新和丰富内容。例如，爱奇艺音乐类直播综艺节目《十三亿分贝》，满足了受众互动参与性的需求。

相关机构的调研结果显示，未来内容赛道细分领域主要有以下发展趋势：家庭类、悬疑类网络剧题材被看好，挖掘好故事成为行业共识；"互动剧"认知度不高，"泡面剧"前景被看好；访谈脱口秀类综艺节目最被看好，原创文化类节目"逆袭"突破；"微综艺"认知度近六成，"微型化"或成为行业趋势；网络纪录片促使纪录片受众结构转变，网络电影期待破圈；超过五成的被访者看好竖屏内容，内容单一化成为 Vlog 发展挑战。

3. 网络视频平台抢占产业链条，内容公司形成自身生态

综合视频平台（如腾讯视频、百度视频）与内容公司（如美国 FOX、英国 BBC）的合作模式分为委托承制和合作定制，虽然目前头部内容方在链条中占据主导，获得产业链条 67% ～ 70% 的收入，但平台方将逐步渗透内容，抢占产业链条的收入份额。自制剧主要为双方五五分成的"合作定制"模式，而随着未来平台加强内容生态之后，通过买断内容 IP 并"委托承制"的方式将逐渐成为主流方式，从而使平台掌握内容的话语权。

4．短视频迅速崛起，再造格局助力网络视频行业发展

短视频的快速崛起从不同维度打开了网络视频市场的窗口，也为行业带来了更多的不确定性，指数级的爆炸性增长让短视频在短时间内占据了市场总规模的25%，并在播放总时长上超越了长视频。短视频在未来仍有足够广阔的市场发展空间，或将重新书写网络视频新时代。

5．科技进步、体验升级，"网络视频+VR/AR"打造全景、活跃的文化娱乐生态圈

网络视频制作水平不断提高，技术进步已经成为未来提高视频质量的一个关键领域，高宽带、低延时、多连接、大容量将成为未来网络视频的特征。

科技不断进步，信息技术不断发展，5G时代的到来与VR/AR等技术的应用将使产业空间进一步拓宽，虽然虚拟现实整体发展尚不及预期，但由于VR/AR可以为用户提供更加真实的体验，更能拉近人与人之间互动的距离，所以网络视频必将在未来VR/AR时代得到更加完美的体现，为网络视频用户带来全新的体验。

6．全球文化传播，精品网络视频出海远航，短视频前景可期

作为中国网络文化的重要组成部分和文化宣传的重要阵地，用影像传播中国故事应当成为网络视频的使命之一。相较以往更多的是把国外的优秀作品"引进来"，近年来国内一批制作精良的网络视频输出海外，做到了"走出去"。

2018年，个别网络剧走向海外成为当地的"网红剧"，反映出中国网剧在海外有其独特吸引力和广阔的生长空间。同时，个别综艺节目也登陆多国市场，实现了国产网络综艺作品的"逆袭"，中国网络视频向外投石问路并初见成效。尤其是短视频出海成为一匹黑马，截至2019年年初，抖音全球月活量已破5亿，达到了诸多主流媒体多年努力都未曾有过的覆盖范围和影响力，成绩斐然。因此，随着网络视频质量的提高，网络视频将在海外市场迎来爆发期。可以预见的是，短视频作为一种新兴的媒体形式，随着移动终端的快速发展，未来联手长视频共同走向海外进行文化传播的前景值得期待。

推动中国网络视频发展的主要因素如下。

1．视频用户规模和时长的持续增长

随着网络视频内容数量和质量的双重提升、应用场景的拓展、用户体验的优化，网络视频用户持续增加，并且越来越多的用户愿意耗费更长的时间在网络视频消费上，用户活跃度和价值潜力进一步被挖掘，网络视频用户规模得到进一步扩大。

2．多方发力，促进用户付费意识觉醒

打击盗版、版权保护的政策为培养用户付费习惯奠定了基础；移动互联网促进多屏播放，增加了用户活跃度；视频网站不断创新、优化，精品内容、播出模式吸引更多付费用户；付费群体年轻化显示潜在增长空间；网银、第三方支付等支付体系的完善提高了视频付费便捷性……这些都使用户付费意识不断提升，有效地促进了用户付费习惯的养成。用户付费意识的觉醒，推动视频平台持续发力，进而带动全行业的总体发展。

3．市场版权保护力度加大，严格的市场监管引导视频价值

国家层面不断强化知识产权保护的重要性，出台了一系列法律法规来加强知识产权保护；企业也投入大量资金和内容研发版权技术，视频市场版权秩序进一步成熟。网络视频市场的行业秩序受

益于监管约束、平台自查、用户自律及大众监督的多重监管体系，将迎来健康有序的发展阶段。

4. 视频成为生态化平台的基础设施之一

整个互联网的内容将更多地通过视频的形态呈现，网络视频市场边界外延进一步拓展，甚至对线下娱乐消费场景的渗透率也将提升。同时生态联合、数据打通，为视频市场的价值挖掘提供更大的想象空间。

5. 新兴科技变革，推动网络视频全面发展

技术进步不断为网络视频市场的底层基础、功能改善、应用创新、商业变现带来新的驱动力量，形成更广泛的发展空间。5G网络商业化普及速度加快，移动视频应用场景将更加丰富；大数据技术描绘用户画像、精准定位用户需求、优化用户使用体验；人工智能技术提高平台营销能力，实现精准化、个性化的视频营销；虚拟现实技术在视频内容、软硬件设备上的发展为用户带来全新的视频消费模式。

1.2 短视频：移动互联网时代的流量入口

在移动互联网时代，人们的时间越来越碎片化，短视频依靠时长短、数据流量少的优势持续吸引大量用户，其快速崛起从不同维度打开了网络视频市场的窗口，并成为网络视频的生力军。短视频的内容质量也在不断提高，并向多元化发展，使其成为国人娱乐休闲的主要方式之一。

1.2.1 短视频的特点

短视频即短片视频，它是一种互联网内容传播方式，指在各种新媒体平台上播放的、适合在移动状态和短时休闲状态下观看的、高频推送的视频内容，从几秒到几分钟不等，其内容融合了技能分享、幽默搞怪、时尚潮流、社会热点、街头采访、公益教育、广告创意、商业定制等主题。随着移动终端的普及和5G时代的到来，短平快的大流量传播内容逐渐获得各大平台、粉丝和资本的青睐。

短视频不仅是长视频在时长上的缩短，也不只是非网络视频在终端上的迁移。短视频具有生产流程简单、制作门槛低、社交属性和互动性强、传播速度快、信息接受度高等特点，超短的制作周期和趣味化的内容对短视频制作团队具有一定的挑战，优秀的短视频制作团队通常依托于成熟运营的自媒体或IP，除了高频、稳定的内容输出外，还要有强大的粉丝渠道。

总体来说，短视频具有以下特点。

（1）短小精悍，内容有趣

短视频时长一般在15秒到5分钟之间，内容短小精悍、生动有趣，娱乐性强，注重在前3秒抓住用户，视频节奏快，内容比较充实、紧凑，符合用户碎片化阅读习惯。

（2）制作简单，生产成本低

人们可以借助移动设备实现短视频的拍摄、制作、上传与发布。制作者依靠移动智能终端即可实现快速拍摄和剪辑美化，轻松创作出具有个性化特点的优秀作品，制作起来相对比较简单，生产成本也比较低。

（3）传播速度快，交互性强

媒体传播平台门槛低，渠道多样，可以实现内容裂变式传播，同时还可以进行熟人圈层式传播，轻松实现直接在平台上分享自己制作的视频，以及观看、评论、点赞他人视频。多方位的传播渠道和方式使短视频的信息内容呈现"病毒式"的扩散传播，信息传播的力度大、范围广、交互性强，社交黏性大。

（4）信息接受度高

在快节奏生活方式和高压力工作状态下，大多数人在获取日常信息时习惯选择自由截取、追求短平快的消费方式。短视频信息开门见山、观点鲜明、内容集中、指向定位强，容易吸引受众，并被受众理解与接受，信息传达和接受度更高。

（5）精准营销，效果好

与其他营销方式相比，短视频具有指向性优势，因为它可以准确地找到目标受众，实现精准营销。短视频平台通常会设置搜索框，对搜索引擎进行优化，受众一般会在平台上搜索关键词，这一行为使短视频营销更加精准。

短视频营销的高效性体现在用户可以边看短视频边购买商品，这是传统的电视广告所不具备的重要优势。在短视频中，可以将商品的购买链接放置在商品画面的四周或短视频播放界面的四周，从而实现"一键购买"，营销效果非常好。

虽然短视频是在长视频的发展过程中衍生出来的，与长视频相比有许多共同点，但随着短视频的不断发展，逐渐形成了自己的特性。短视频与长视频的区别主要体现在以下几个方面。

1. 内容生产

与长视频相比，短视频内容的生产成本、生产人群、生产工具、产出的丰富性都远远优于长视频。

长视频拍摄动辄数月，预算很高，而且风险很大，对拍摄进度和拍摄工具有严格的要求，因此生产成本较高，产生的数量不多。而短视频的时长在 5 分钟以下，拍摄条件灵活，工具多种多样，在视频 App 中就可以完成，这样的低门槛使越来越多的人加入短视频的创作队伍中，虽然其中有很多质量较差的作品，但优质作品的数量仍然会碾压长视频。

2. 内容消费

在移动互联网普及之前，消费视频最多的载体是电视和计算机，消费的场景很窄，用户只能端坐在电视或计算机前观看视频，不适合碎片化消费；而如今人们观看短视频的场景变得更加丰富了，不管是田间地头还是地铁站，人们都可以通过手机看到丰富多彩的内容，并且随着网络资费的降低和免流量卡的出现，用户的消费成本也降低了。

不仅如此，用户消费视频的大脑也在悄然发生变化。由于算法推荐带来的个性化分发技术，用户可以看到自己最想要看的内容，这导致用户变得不再深度思考，以更快的速度追求愉悦和刺激，大脑的刺激阈值越来越高。长视频的沉浸感更好，而短视频要求直接进入主题，直接把视频最精彩的部分展示给用户。用户的这种心理和需求促使很多视频平台增加了倍速功能，旨在节省用户时间。

3. 内容分发

短视频通过关系分发、算法分发的效率会强于长视频的中心化分发。长视频的内容分发属于中心化分发，电影档期、电视节目表及视频平台上的编辑决定了用户看到什么，很容易形成"千人一面"的现象，内容的分发效率较低。

而运用关系分发和算法分发的短视频，信息的传播效率有了很大程度的提升，用户看到喜欢的内容可以分享给好友，使内容得到裂变，而人工智能技术为算法分发提供了条件，每个人都可以看到自己喜欢的个性化内容，形成"千人千面"的现象，因此带动了内容消费的时长。

4. 内容感染度

前面讲的都是短视频与长视频相比的优势，而在内容感染度方面，短视频不及长视频。长视频重在"营造世界"，而短视频重在"记录当下"。

无论是电影、电视剧还是纪录片，它们都是在营造一个完整的世界，从人物设定到感情氛围，从环境设定到情节发展，构成了一个完整的链条。这样做的目的是催眠观众，使观众沉浸在这个世界中。由于沉浸在长视频的氛围和场景中，用户进入高唤醒状态，容易产生主动消费。

短视频的感染力和共情度相对逊色得多，其"短、平、快"的特点使用户在观看视频时的状态为低唤醒状态，所以用户大多为被动消费。

➡ 1.2.2 短视频的类型

随着短视频的飞速发展，各大平台上的短视频种类犹如百花齐放，但针对的目标用户群体各不相同。下面将从短视频的渠道类型、内容类型，以及生产方式类型来简要介绍不同种类的短视频。

1. 短视频渠道类型

短视频渠道就是短视频的流通线路，按照平台特点和属性可以细分为 5 种渠道，分别为资讯客户端渠道、在线视频渠道、短视频渠道、媒体社交渠道和垂直类渠道，具体如表 1-2 所示。

表 1-2　短视频的渠道类型

短视频渠道类型	具体平台
资讯客户端渠道	今日头条、百家号、一点资讯、网易号媒体开放平台、企鹅媒体平台（天天快报、腾讯新闻）
在线视频渠道	大鱼号、搜狐视频、爱奇艺、腾讯视频、第一视频、爆米花视频等
短视频渠道	抖音、快手、秒拍、美拍、微视频等
媒体社交渠道	微博、微信和 QQ 等
垂直类渠道	淘宝、京东、蘑菇街、礼物说等

2. 短视频内容类型

按照短视频的内容来划分，其类型大致分为以下几种。

（1）搞笑"吐槽"类

这类短视频非常受人们的喜爱与关注。"吐槽"一般是指从他人话语或某个事件中找到一个切入点进行调侃的行为。搞笑"吐槽"类短视频就是"吐槽"当下实时热门话题或者一些社会性关注度较高的话题，用自己的风格加以描述，以脱口秀的方式录制的短视频，或者是具有一定故事情节但通常有意料之外的剧情反转的情景剧短视频。这类短视频能够缓解人们的紧张心情，释放压力，愉悦身心。

（2）路人访谈类

这类短视频比较常见，一般选择人们关心的话题，展现人们的真实想法，贴近民众生活，引发人们的兴趣，吸引更多的参与者与观众。

这类视频有两种形式：一种是当一个被采访者回答完问题后，提出一个问题让下一个人回答；另一种是所有的被采访者都固定回答同一个问题。这类短视频的卖点通常是问题的话题性及路人的颜值，所以这类短视频的播放量一般不会低。

（3）舌尖美食类

美食承载着中国人丰富的情感，吃在中国人的生活中占据着重要的位置，所以美食类短视频更容易引发人们的情感共鸣，仿佛隔着屏幕都能闻到食物的气味，从而享受美食的快乐。美食类短视频不仅可以向受众展示与美食有关的技能，还可以体现拍摄者及出镜人对生活的乐观与热情。

（4）生活技巧类

这类短视频通常以生活小窍门为切入点，创作者把自己擅长的生活技能展示出来，制作成精彩的技能短视频，然后通过抖音、微博、微视等平台进行病毒式传播。总体来看，这类短视频的剪辑风格清晰，节奏较快，短小精练，视频的整体色调和配乐都很轻快，能够吸引用户驻留观看。

（5）影视解说类

这类短视频要求视频声音有较高的辨识度，有自己的风格特色，而且在影视素材的选择上也有讲究，应尽量选择热门电影或电视剧，通过幽默搞笑的语言把自己的思想观点表达出来，再配上剪辑后的剧情画面，制作出富有新意的解说作品，或者为网友推荐一些优秀的影视作品为内容来进行制作。

（6）时尚美妆类

这类短视频所针对的目标群体大多是一些追求美和向往美的女性，她们选择观看短视频就是为了从中学习一些化妆技巧来使自己变得更美。抖音、快手等平台上涌现出大量的时尚美妆主播，她们通过发布自己的化妆短视频，逐渐积累自己固定的粉丝群体，吸引美妆品牌商与其合作，成为时尚美妆行业营销的重要推广方式和渠道之一。

（7）清新文艺类

这类短视频主要针对文艺青年，其内容与生活、文化、习俗、传统、风景等有关，视频内容的风格给人一种纪录片、微电影的感觉，视频画面塑造的意境唯美，色调清新淡雅，富有艺术气息。

不过，这类短视频比较小众，所以相对于其他类型的短视频来说播放量较少，但粉丝黏性非常高，实现商业变现也比较容易。

（8）个人才艺类

当今时代，一个人如果有自己独特的才艺，就能在自己擅长的领域创造出更多的花样，从而激发人们的好奇心，引起围观，甚至受到追捧。

《2018抖音大数据报告》显示，书画、传统工艺和戏曲是抖音播放量最高的传统文化前三类别。制作此类短视频时，制作者需要拔高自己的认知，懂人性、懂沟通、懂心理，利用稀缺性资源在自己擅长的领域做自己擅长的事情。

3. 短视频生产方式类型

按照生产方式来划分，短视频内容可以分为用户生产内容（User Generated Content，UGC）、专业用户生产内容（Professional Generated Content + User Generated Content，PUGC）和专业生产内容（Professional Generated Content，PGC）三种类型。

① UGC：平台普通用户自主创作并上传内容。普通用户指的是非专业个人生产者。

② PUGC：平台专业用户创作并上传内容。专业用户指的是拥有粉丝基础的网红，或者拥有某一

领域专业知识的关键意见领袖。

③ PGC：专业机构创作并上传内容，通常独立于短视频平台。

这三种类型的特点如图 1-1 所示。

UGC	PUGC	PGC
• 成本低，制作简单 • 商业价值低 • 具有很强的社交属性	• 成本较低，有编排，有人气基础 • 商业价值高，主要靠流量盈利 • 具有社交属性和媒体属性	• 成本较高，专业和技术要求较高 • 商业价值高，主要靠内容盈利 • 具有很强的媒体属性

图1-1　短视频内容生产方式及其特点

1.2.3　常见的短视频平台

常见的短视频平台主要有抖音、快手、腾讯微视、西瓜视频、小红书、美拍、淘宝短视频、微信视频号等。

1. 抖音

抖音是目前较火的短视频平台，是北京字节跳动科技有限公司旗下的产品，它是一款音乐创意短视频社交软件，于 2016 年 9 月上线，是一个专注年轻人音乐短视频社区平台，用户可以通过这款软件选择歌曲，拍摄音乐短视频，形成自己的作品。2019 年有 46 万个家庭用抖音拍摄全家福，相关视频播放 27.9 亿次，被点赞超 1 亿次；每天在抖音拍下 308 万支亲子视频，用于记录父母与孩子相处的温馨日常。2019 年在抖音有 176 万次迎接新生、18 万次高考、38 万次毕业、709 万人分享婚礼，人生的每一个重要时刻，都值得被认真记录，正所谓"抖音，记录美好生活！"

2019 年 12 月 15 日，抖音获 2019 中国品牌强国盛典十大年度新锐品牌。

2020 年 1 月 5 日，抖音日活跃用户数量超过 4 亿。

2020 年 1 月 8 日，火山小视频和抖音正式宣布品牌整合升级，火山小视频更名为抖音火山版，并启用全新图标。

2. 快手

快手是北京快手科技有限公司旗下的产品，其前身叫"GIF 快手"，诞生于 2011 年 3 月，最初是一款用来制作、分享 GIF 图片的手机应用。

2012 年 11 月，快手从纯粹的工具应用转型为短视频社区，成为用户记录和分享生活的平台。

2013 年 10 月，确定平台的短视频社交属性，强化其社交能力。

2014 年 11 月，正式改名为"快手"。

随着智能手机的普及和移动流量成本的下降，快手在 2015 年以后迎来市场。

2017 年 3 月，快手获得腾讯 3.5 亿美元的融资。

2017 年 4 月，快手注册用户超过 5 亿。

2019 年，共有 2.5 亿人在快手发布作品，累计点赞超过 3500 亿次。

2020 年年初，快手日活跃用户数量已经突破 3 亿。

3. 腾讯微视

微视是腾讯旗下的短视频创作与分享社区，用户可以通过 QQ、腾讯微博、微信及腾讯邮箱账号进行登录，可以将拍摄的短视频同步分享到微信好友、朋友圈、QQ 空间和腾讯微博。

2013 年 10 月 22 日，微视 8 秒短视频软件 Android 版上线。2018 年 4 月 2 日，腾讯微视发布 2018 年首次重大更新，推出三大功能，即视频跟拍、歌词字幕、一键美型，并打通 QQ 音乐千万正版曲库，进行全面的品牌及产品升级。

2019 年 2 月，微视上线测试个人视频红包玩法，用户可以通过微视制作视频红包，并且分享到微信和 QQ，邀请好友领取。

2019 年 4 月，微视上线新版本，推出"创造营助力""解锁技能"等全新模板。用户可以通过微视的模板制作互动视频，并通过微信、QQ 等社交平台分享给好友；好友可以直接在微信、QQ 上浏览该互动视频，并进行互动操作。

2019 年 6 月，微视开启了 30 秒朋友圈视频能力内测。用户在微视发布界面中选择"同步到朋友圈（最长可发布 30 秒）"功能，即可将最长 30 秒的视频同步到朋友圈。

2019 年 10 月，工业和信息化部、应急管理部消防救援局、中国警察网等入驻腾讯微视。

2020 年 2 月 18 日，微视发起"春风计划"，针对优质创作者、行业达人、短视频电商、在线直播推出四项助力举措。

2020 年 2 月，腾讯微视发起"微爱助农"电商活动帮助因物流等不可抗因素导致农产品积压的三农人。在 2 月 19 日至 4 月 30 日，满足条件的用户即可通过"农人免费开店""达人助力销售"等形式参与"微爱助农计划"。

4. 小红书

小红书是一个生活方式平台和消费决策入口，在小红书社区，用户通过文字、图片、视频笔记的分享，记录了这个时代年轻人的正能量和美好生活，小红书通过机器学习对海量信息和用户进行精准、高效的匹配。截至 2019 年 7 月，小红书用户数已超过 3 亿，其中 70% 用户是"90 后"。

2014 年 8 月，小红书获得中国旅业互联网风云榜的"最佳海外购物分享 App"。

2015 年 7 月，小红书在 2015 第一财经跨境电商投资峰会上，获得"新锐成长"奖。

2016 年 12 月，小红书入围快消品制造商眼中的"十强电商"。

2017 年 9 月，小红书 App 获上年度应用风云榜。

2017 年 12 月，小红书被《人民日报》评为"中国品牌"。

2018 年 5 月，《人民日报》报道小红书为"9600 万用户信任缔造的中国品牌"。

2018 年 6 月，小红书荣登《中国企业家》"21 未来之星·年度最具成长性新兴企业排行榜"。

2019 年 6 月 11 日，小红书入选"2019 福布斯中国最具创新力企业榜"，并获得 2019 福布斯"中国最具创新力企业榜"榜单第三的成绩。

2020 年 3 月 26 日，路易·威登在小红书进行商业化直播首秀。在品牌方看来，社区的强互动特质是品牌和消费群体对话的重要平台。

目前，小红书生活方式社区努力的方向，就是通过"线上分享"消费体验，引发"社区互动"，并推动其他用户"线下消费"，反过来又推动更多"线上分享"，最终形成一个正循环。

5. 美拍

美拍上线于 2014 年 5 月 8 日，是厦门美图网科技有限公司旗下的产品，它是一款可以直播、制作小视频的倍受年轻人喜爱的应用软件。早期的美拍主打 10 秒 MV 功能，通过高品质的画质吸引了一批美图秀秀的用户和其他有品质感追求的内容生产者，如美妆和舞蹈类。他们基于兴趣在美拍聚集，也迅速形成了美拍的生产者社区氛围。美拍月活跃用户数量最高时曾达到 1.52 亿。当时，美拍是短视频行业被公认为内容优质、原创度较高的一家短视频平台。

2016 年 1 月，美拍推出"直播"功能，同年 6 月推出"礼物系统"功能。

2016 年 6 月 14 日，美拍举办 2 周年生日会，超过 500 位网红出席。

2018 年 1 月，美拍的日活跃用户数量为 3293 万。

2019 年 1 月，美拍的日活跃用户数量为 1459 万，同比下降了 55.69%。

除了日活跃用户数量下滑、用户流失之外，美拍上不少头部达人也转移到其他阵地。随着抖音、快手等短视频平台强势崛起，短视频行业市场竞争激烈，美拍用户数量持续下滑，虽然美拍不断调整平台定位，采用独特的运营策略，利用明星效应带动泛知识社区建设，但明星可以带来前期的流量关注，却无法在短时间内改变用户习惯。

6. 淘宝短视频

淘宝短视频是继图文及直播后内容化的一支奇兵，它广泛出现在商品主图、详情页、店铺首页、微淘等私域，同时也覆盖手淘每日好店、爱逛街、有好货、必买清单等诸多公域渠道。淘宝短视频能够帮助商家全方位宣传商品，虽然只有短短的几秒或几十秒的时间，却能让受众非常直观地了解产品的基本信息和设计亮点等，还可以节约用户咨询的时间。

2017 年 5 月，主图短视频由原来的白名单机制升级为向所有商家开放。

2017 年 7 月，淘宝停止对所有店铺短视频流量计费，同时推出商家短视频拍摄工具淘拍，此后，主图优质视频开始进入手淘首页的"猜你喜欢"。

2018 年商家短视频运营打通了优质短视频从私域到公域的流转链路，这意味着商家此前已经发布和未来即将发布的短视频不仅能在商品主图、详情页、微淘等私域"发挥效用"，也可以在公域（如直通车、钻展、爱逛街、有好货等一些垂直频道）为店铺争取更多曝光和流量。

淘宝作为电商平台介入短视频，为商品变现提供了天然优势，简单来说，就是"借由自己丰富的流量转化频道来增加多个不同形态短视频的曝光量，并且达到成交的效果"，也就是利用短视频做"导购"，直接引导用户进行商品消费。

淘宝短视频作为优质的内容载体，不仅能够给消费者带来更好的体验，也能直接提高商家的转化率。相关数据显示，使用短视频，淘宝商家商品转化率上涨了 20%。

淘宝短视频分两种类型。

（1）商品型

时长：9 ～ 30 秒。

类型：单品展示。

展现渠道：有好货、猜你喜欢。

分发：商品主图自动抓取。

（2）内容型

时长：3 分钟以下。

类型：PGC、PUGC。

展现渠道：每日好店、必买清单、爱逛街、生活研究所、猜你喜欢、淘宝头条等。

分发：上传淘宝短视频，按照分类词自动分发。

淘宝短视频的视频格式要求如下。

① 画面要求 720p 以上，比例为 16：9，横版拍摄；或者比例为 9：16，竖版拍摄。

② 视频大小小于 120 MB。

③ 视频格式为：MP4、MOV、FLV、F4V 等。

7. 微信视频号

微信视频号是继微信公众号、小程序后又一款微信生态产品。现如今在短视频越来越受到用户的欢迎的背景下推出微信视频号，就是想要解决腾讯在短视频领域的短板，借助微信生态的巨大力量突围短视频。

在之前的微信生态下，用户也可以发布短视频，但仅限于用户的朋友圈好友观看，属于私域流量，而微信视频号则意味着微信平台打通了微信生态的社交公域流量，将短视频的扩散形式改为"朋友圈＋微信群＋个人微信号"的方式，放开了传播限制，让更多的人可以看到短视频，形成新的流量传播渠道。

微信视频号虽然在短视频市场中失去了时间上的优势，但依托于微信公众号在内容生态中不可替代的优势，坐拥超过 11 亿活跃用户的微信，依然是短视频市场的巨大变量。

1.2.4 短视频的商业变现方式

近年来，由于短视频的持续火爆，已经成为很多创业者的内容创业方向之一。在短视频领域创业，首先要清楚短视频的变现模式。目前，短视频的商业变现主要有四种方式：平台分成和补贴、广告变现、电商变现和用户付费变现，如图 1-2 所示。

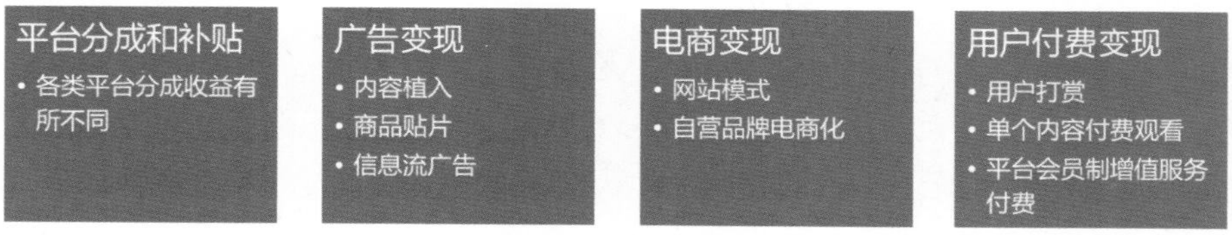

平台分成和补贴	广告变现	电商变现	用户付费变现
• 各类平台分成收益有所不同	• 内容植入 • 商品贴片 • 信息流广告	• 网站模式 • 自营品牌电商化	• 用户打赏 • 单个内容付费观看 • 平台会员制增值服务付费

图1-2 短视频商业变现方式

1. 平台分成和补贴

几乎每个短视频平台都有自己的分成和补贴计划，以此来激励内容创作者创作出更多的优质内容，鼓励更多新晋的优秀创作者入驻，从而为平台带来更多的流量。

2. 广告变现

短视频凭借其优质的流量、年轻化的受众群体和表现方式的多样性受到许多广告主的青睐。当前，短视频在广告变现上主要有植入广告、贴片广告和信息流广告三种形式（见表 1-3），而且在未来还会有更多的可能性。

表 1-3 短视频的广告变现形式

广告变现形式	说 明
植入广告	将广告信息和短视频内容相结合，通过品牌露出、剧情植入、口播等方式来传递广告主的诉求。短视频植入广告的效果一般较好，但对内容和品牌的契合度要求较高
贴片广告	包括互联网平台贴片和内容方贴片两种形式，互联网平台贴片通常为前置贴片，在视频播放前以不可跳过的广告形式出现；内容方贴片通常为后置贴片，即短视频内容结束后追加一定时间的广告内容
信息流广告	出现在短视频推荐列表中的信息流广告，也是应用较多的广告形式之一

3. 电商变现

短视频凭借其丰富的信息展示、直接的感官刺激、附着的优质流量，以及商品跳转的便捷性，在电商变现的商业模式上具有得天独厚的优势。

当前，短视频电商变现模式主要分为两类：一类以 PUGC 个人网红为主，通过自身的影响力为自有网店导流；另一类以 PGC 机构为主，通过内容流量为自营电商平台导流。

4. 用户付费变现

短视频在用户付费变现上主要有三种方式，即用户打赏、平台会员制付费和内容商品付费，如表 1-4 所示。

表 1-4　短视频的用户付费变现形式

用户付费变现形式	说　明
用户打赏	用户对喜爱的短视频内容通过打赏的方式进行金钱上的支持，在直播中应用较广，而在短视频行业应用较少
平台会员制付费	用户向平台定期支付费用，获取平台付费优质内容的观看权限，目前在长视频和音频内容平台应用较广，在短视频领域还处于探索阶段
内容商品付费	用户对单个内容进行付费观看，通常是知识类垂直领域的内容

课后习题

1．什么是网络视频？它有哪些分类方式？
2．简述网络视频的特点及发展现状。
3．简述短视频的特点及类型。
4．简述短视频的商业变现方式。

第2章

视频制作筹备

科技的进步推动着网络视频行业迅速发展，同时行业竞争越来越激烈，受众的需求不断变化，欣赏水平也不断提高，所以对视频制作的要求也越来越高，这也是推动视频行业向好发展的动力之一。拍摄前做好充分的准备，既能提高视频的制作效率，也能提高视频质量，拍摄出优质的作品。本章将介绍视频拍摄的前期准备工作，包括视频脚本的策划、制作团队的组建、拍摄器材的准备、视频内容的策划等。

学习目标

- 了解视频制作的前期准备工作。
- 掌握视频制作团队的人员构成及其工作职责。
- 了解视频制作所需的各种设备。
- 掌握视频内容策划的要点。

2.1 视频制作的流程

视频制作要明确受众定位，选定拍摄主题，策划视频脚本，并根据拍摄目的、投入资金等实际情况组建制作团队，准备拍摄器材，熟悉剪辑工具等。

1. 明确受众定位

在进行视频拍摄之前，首先要做好用户画像，明确受众定位，根据受众定位来确定视频的风格。用户画像是指通过将一系列真实的用户数据抽象地虚拟成一些用户模型，然后对这些用户模型进行分析，找出其中共同的典型特征。精准受众定位就是为了找到受众的需求，并予以最大程度的满足，从而达到快速、有效、精准触达受众的目的。

2. 选定拍摄主题

拍摄主题，即视频作品所要表达的中心思想。这是视频的灵魂，有灵魂的视频作品才有生命力。每一部优秀的视频作品都是因为有自己的灵魂，才历久弥新，被广泛传播，因此拍摄主题的选择至关重要。选定拍摄主题后，才能策划视频脚本，选择拍摄方式，构造画面等。

3. 策划视频脚本

只有好的策划，才能有好的作品。策划是为了更深层次地诠释视频内容，更清楚地表达视频作品的主题。脚本相当于视频制作的主线，它决定着视频故事脉络的整体方向。要想创作出优秀的视频作品，离不开视频脚本的策划与撰写。

（1）视频脚本的类型

网络视频有三种脚本类型，分别为拍摄提纲、文学脚本和分镜头脚本。

● **拍摄提纲**：在拍摄视频之前将需要拍摄的内容罗列出来，为视频拍摄搭建出基本框架，即拍摄提纲。拍摄提纲比较适合纪录类和故事类视频的拍摄。

● **文学脚本**：文学脚本在拍摄提纲的基础上增添了一些细节内容，更加丰富、完善。这类脚本中会将拍摄中的可控因素罗列出来，而不可控因素需要在现场拍摄中随机应变，所以能使视频在视觉效果和拍摄效率上都有提升，比较适合不存在剧情、直接展现画面和表演的视频的拍摄。

● **分镜头脚本**：这类脚本最为细致，包括画面内容、景别、拍摄技巧、时间、机位、音效等，每一个画面都要在掌控之中，包括每一个镜头的长短，每一个镜头的细节等。分镜头脚本创作起来最耗费时间和精力，也最为复杂。

分镜头脚本对视频的画面要求极高，更适合类似微电影的视频。由于这种类型的视频故事性强，对更新周期没有严格的限制，创作者有大量的时间和精力去策划。使用分镜头脚本既能符合严格的拍摄要求，又能提高拍摄画面的质量。

（2）视频脚本的构成要素

视频脚本是拍摄阶段的指导性文件，是视频大纲，将确定整个视频的发展方向和拍摄细节，一切场地安排与情节设置等都要遵从脚本的设计，以避免产生拍摄与主题不符的情况。一个好的脚本可以使视频有更加丰富的内涵，引起受众的共鸣。

视频脚本的构成要素包括拍摄目的、框架搭建、人物设置、场景设置、故事线索、影调运用、音乐运用和镜头运用，如表 2-1 所示。

表 2-1 视频脚本的构成要素

要素	具体意义
拍摄目的	明确拍摄视频的目的是为了商品展示、企业宣传，还是记录生活等
框架搭建	明确搭建视频总构想，如拍摄主题、故事线索、人物关系、场景选地等
人物设置	明确需要设置几个人物，他们分别扮演什么角色
场景设置	明确在哪里拍摄，如室内、室外、棚拍等
故事线索	明确剧情如何发展，以及利用怎样的叙述形式来调动观众情绪
影调运用	根据视频的主题情绪配相应的影调，如悲剧、喜剧、怀念、搞笑等
音乐运用	运用恰当的背景音乐渲染剧情
镜头运用	明确使用什么样的镜头进行视频内容的诠释

4. 组建制作团队

随着移动互联网的发展和移动终端设备的普及，视频的拍摄和制作越来越自由化、多样化，一些简单的视频创作可以一人身兼数职来完成，而高水准的视频创作则需要专业的团队才能完成。因此，要想拍摄出高水准、高品质、富有内涵，能够赢得大众喜爱的视频作品，就需要组建自己的专业团队，只有依靠团队的力量，才能创作出高水平的视频作品。

5. 准备拍摄器材

"工欲善其事，必先利其器"，在拍摄视频之前必须准备好相应的拍摄器材。选择拍摄器材的首要标准是要与拍摄的视频作品相适合，因为匹配的器材可以让视频拍摄的过程更加顺畅，在制作视频时也会更加方便，适合的就是最好的。

6. 熟悉剪辑工具

在完成视频的拍摄之后，需要对视频进行后期剪辑、美化等处理，这时就要用到视频剪辑工具。使用视频剪辑工具，可以为视频添加背景音乐、特效、转场、滤镜等，增强视频的表现力。目前，常用的 PC 端视频剪辑工具有 Premiere、Edius、会声会影、爱剪辑等。在前期准备中做好熟悉剪辑工具的工作，有助于提升视频创作的工作效率。

2.2 组建制作团队

现在网络视频领域的竞争越来越激烈，网络视频制作越来越专业化。要想使视频作品在海量视频中脱颖而出，就离不开团队的力量，因此需要组建制作团队。

2.2.1 团队人员构成及其工作职责

一般来说，专业的视频制作团队由编导、摄像师、剪辑师、运营人员及演员等组成。

1. 编导

在视频制作团队中，编导的角色非常重要，是"最高指挥官"，相当于节目的导演，主要对视频的主题风格、内容方向，以及视频内容的策划和脚本负责，并按照视频定位及风格确定拍摄计划，协调各方面的人员，以保证工作进程。

另外，在拍摄和剪辑环节也需要编导的参与。编导的工作主要包括视频策划、脚本创作、现场拍摄、后期剪辑、视频包装（片头、片尾的设计）等。

2. 摄像师

摄像师可以说决定着视频能否成功，因为视频的表现力及意境都是通过镜头语言来表现的。一个优秀的摄影师能够通过镜头完成编导规划的拍摄任务，并给剪辑师留下非常好的原始素材，节约大量的制作成本，完美地实现拍摄目的。因此，摄像师要了解镜头脚本语言，精通拍摄技术，对视频剪辑工作也要有一定的了解。

3. 剪辑师

剪辑是视频声像素材的分解重组工作，也是对摄制素材的一次再创作。它是将视频素材变为视频作品的过程，是一个精心的再创作过程。

剪辑师是视频后期制作不可或缺的重要职位。一般情况下，在视频拍摄完成之后，需要对拍摄的素材进行选择与组合，舍弃一些不必要的素材，保留精华部分，并借助视频剪辑软件对视频进行配乐、配音，以及添加特效等，其根本目的是更加准确地突出视频的主题，保证视频结构严谨、风格鲜明。

对于视频创作来说，后期制作犹如"点睛之笔"，可以使杂乱无章的视频片段有机地组合在一起，形成一个完整的视频作品。这些工作都需要由剪辑师来完成。

4. 运营人员

在多渠道、多平台的传播时代，如果没有优秀的运营人员进行传播推广，无论多么精彩的内容，恐怕也会淹没在茫茫的信息大潮中。

由此可见，运营人员的工作直接关系着视频能否引起人们的注意，能否顺利实现商业变现。运营人员要准确把握用户的需求，时刻保持对用户的敏感度，仔细了解用户的喜好、习惯及行为等，才能更好地完成视频的传播推广工作。运营人员的主要工作内容如图 2-1 所示。

图2-1 运营人员的主要工作内容

5. 演员

一般拍摄视频所选的演员都是非专业的，在这种情况下，一定要根据视频的主题慎重选择，演员和角色的定位要一致。不同类型的视频对演员的要求也不同，例如，脱口秀类视频倾向于一些表情比较夸张，可以惟妙惟肖地诠释台词的演员；故事叙事类视频倾向于演员具有一定的肢体语言表现力及演技；美食类视频对演员传达食物吸引力的能力有着很高的要求，最好能够通过演技表现出美食的诱惑，以达到突出视频主题的目的；生活技巧类、科技数码类及影视混剪类视频等对演员没有太多的演技上的要求。

➡ 2.2.2　团队人员的比例设置

视频制作团队人员的比例设置是根据视频创作的工作内容和视频制作方向来确定的。视频制作的工作内容大致分几大模块，分别为前期准备、内容策划、视频拍摄、剪辑、发布与变现。在明确了视频制作的总体方向后，就可以组建自己的团队了，这样不仅可以提高工作效率，还可以使视频制作更加专业化。

不同的视频制作团队对于成员有着不同的要求，可以根据工作需要来招聘团队成员。在选择团队成员时，不仅要考察工作能力，还要考虑其理念是否与团队相契合，同时还要平衡资金问题。

一般比较简短的视频制作需要 5 ～ 7 人的制作团队即可维持正常运营，例如，生活类的连续短剧或系列短剧视频，每集 5 分钟左右，每周要产出 2 ～ 3 集，团队人员配置比例为编导 1 名，摄像师 1 名，剪辑师 1 名，运营人员 1 ～ 2 名，演员 1 ～ 2 名。假如是创作旅游类的视频，需要的人员会更多一些。当然，这并不是固定不变的，都是由实际情况和人员能力来决定的。

2.3　选择拍摄设备

网络视频行业是一个专业性很强的领域，拍摄器材多种多样，性能各异，从业者选择的拍摄设备也因人而异。视频创作的初学者可能并不需要特别专业、高端的拍摄设备，一部智能手机即可完成拍摄工作。比较专业的制作团队可以根据拍摄要求选用专业的拍摄设备。

➡ 2.3.1　常用的拍摄设备

目前，常用的视频拍摄设备有智能手机、单反相机、DV 摄像机及专业级摄像机等。在选择拍摄设备时，可以根据器材功能或者要拍摄的视频题材进行选择，如图 2-2 所示。

按器材功能选择

- 清晰度
- 变焦（光学变焦、数码变焦、双摄变焦）
- 防抖（光学防抖、电子防抖）
- 实用便捷性
- 像素
- 手动控制功能

按视频题材选择

- 微型电影、情景剧（选用智能手机或单反相机）
- 直播、街头恶搞（选用智能手机）
- 采访、教学类（选用 DV 摄像机或专业级摄像机）

图2-2　选择拍摄器材

下面将简要介绍智能手机和单反相机。

1. 智能手机

现在智能手机的拍摄功能非常强大，像华为、苹果、三星、小米、OPPO 等品牌的中高端机型基本上都可以满足网络视频的拍摄。下面介绍几款拍摄性能强大的智能手机。

（1）华为 P30 Pro

华为 P30 Pro 是华为主打的拍照智能手机，后置徕卡四摄，由超感光镜头、超广角镜头、潜望式长焦镜头及 TOF 镜头组合而成。该机支持 50 倍变焦功能，具备精准的深度感知能力，能够准确探测人与手机间、人与景物间的距离，可实现 3D 人脸识别、3D 建模等功能。因此，能够在人像摄影中准确识别人与背景，从而实现发丝级抠图与渐进式景深，打造出专业级人像虚化效果。

（2）小米 9

小米 9 是小米旗下一款非常受关注的拍照手机，搭载 1200 万像素人像镜头 + 索尼 4800 万像素主摄像头 +1600 万像素超广角微距镜头"三摄"。在视频拍摄方面，其功能强大，支持 960 帧 / 秒慢动作拍摄，支持自动配乐，支持超广角运动跟拍，具有后置视频美颜、视频防抖、快动作拍摄等功能。

（3）OPPO Reno

在摄像方面，OPPO Reno 10 倍变焦版采用三摄全焦段影像系统，4800 万像素高清主摄 +1300 万像素潜望式长焦镜头 +800 万像素超广角镜头，以"接棒式"实现 16 ～ 160mm 的"全焦段"覆盖，让创作更自由。同时，支持 4K 60 帧 / 秒超高清视频拍摄，搭配光学防抖（OIS），使画面更清晰稳定，并且通过 3MIC 立体收音、Audio Zoom 录音对焦、Audio 3D 环绕收音技术，让录音效果和现实感受更一致。

2. 单反相机

单反相机，即数码单镜反光相机（DSLR），是一种专业级别的拍摄设备。其特征为单镜头，可更换；具有可动的反光板结构；有五棱镜；通过光学取景器取景。

单反相机的常见模式包括快门优先（S）、光圈优先（A）和全手动模式（M），这三种模式都需要拍摄者掌控。单反相机适用于有摄影基础的专业摄影人员，拍摄出来的照片或视频都属于专业水平，通常用于对视频质量要求比较高的视频作品的拍摄。

单反相机的体积较大，大多是金属机身，坚固耐用，在操作设计上有各种专业模式，还可以外加配件扩充功能，但往往价格不菲，需要投入的成本较高。

➡ 2.3.2 辅助拍摄设备

要想拍摄出具有专业水准的视频作品，还需要一些辅助设备来帮助实现拍摄目的。辅助拍摄设备通常包括稳定设备、录音设备、照明设备、摄影棚等。

1. 稳定设备

在拍摄视频时，首先要解决画面稳定的问题。画面稳定是对视频最基本的要求，因为长期观看晃动幅度较大的画面容易让人产生晕眩感和不适感。拍摄视频时需要的稳定设备主要有三脚架、滑轨、手持稳定器等。

（1）三脚架

在进行视频拍摄时，最好选择摄像机三脚架。摄像机三脚架和摄影三脚架是有很大差别的，其材质更轻，在使用时会更稳，配合摄像机云台，可以完成一些诸如推拉升降镜头的动作，以提升视频画质，更好地完成拍摄任务。

拍摄时，要根据不同的拍摄场景来选择三脚架，若为街拍，可以选用重量轻、体积小、收缩长度较短的三脚架，这样既方便携带，也不容易引起周围人的注意，能够迅速地进入拍摄状态；若拍摄场景是室内或影棚，则一定要把三脚架的稳定性放在第一位，而不要优先考虑三脚架的体积与重量；在风景旅游视频的拍摄中，应选择重量适中的三脚架，过重不易于携带，过轻容易产生摇晃。不同的题材、不同的拍摄需求，需要选择的三脚架类型和搭配的配件也不同。图 2-3 所示为两款不同的三脚架。

图2-3 三脚架

（2）滑轨

滑轨是视频拍摄中一种比较常见的拍摄辅助设备（见图 2-4），借助滑轨可以完成很多特效镜头的拍摄。其最大的优点是操作简单、效果稳定，常用于近距离拍摄；缺点是容易受到滑轨长度的限制，而且滑轨的布置比较麻烦，只能在平坦的地面上架设。

（3）手持稳定器

对于喜欢制作 Vlog（视频博客）或者经常自拍的用户来说，手持稳定器是非常必要的辅助设备，如图 2-5 所示。手持稳定器不仅可以防止手抖带来的画面抖动，还具有精准的目标跟踪拍摄功能，能够跟踪锁定人脸及其他目标拍摄对象，让动态画面的每一个镜头都流畅、清晰。另外，它还支持运动延时、全景拍摄和延时拍摄等，能够满足拍摄者对视频拍摄的较高要求。

图2-4 滑轨

图2-5 手持稳定器

手持稳定器的类型主要有架设手机和架设相机两种。架设手机的如大疆 OsmoMobile 3 和智云 Smooth 4 这样的产品。架设相机的分类更丰富一些，一般都是按照相机的重量来分，如架设卡片相机、架设稳定相机或架设单反相机。架设相机的重量不同，稳定器的体积、重量和相关配置也有很大的差异。

2. 录音设备

声音是也是视频的重要组成部分，所以拍摄时除了拍摄设备自带的录音配置外，还需要配备一些专业的录音设备。在视频创作中，一般会采用现场的同期声，但现场环境要安静，否则收声效果会不理想。在比较嘈杂的环境中拍摄视频时，可以使用一些辅助的录音设备，如枪式话筒、领夹话筒、相机机头话筒等。

3. 照明设备

若在室内拍摄视频，为了保证拍摄效果，需要配备必要的灯光照明设备。常用的灯具包括冷光灯、LED 灯、散光灯等，其中散光灯常用作顶灯、正面照射或者打亮背景。在使用灯光设备时，还需要配备一些相应的照明附件，如柔光板、柔光箱、反光板、方格栅、长嘴灯罩、滤镜、旗板、调光器和色板等。

布光不在于多么有艺术感，而在于把画面中的主体让观众看清楚。室外视频拍摄用光一般是利用自然光进行拍摄，或者采用"自然光＋补光"的方式进行拍摄。利用自然光拍摄，可以使拍摄出来的视频效果更加真实，看起来更加自然。

在正常自然光线不足的情况下，可以使用补光辅助拍摄。一般补光灯都是采用 LED 光源，光线比较柔和，可以让画面更加清晰、柔美，也可以让人物的皮肤更加白皙。此外，补光灯还可以自由调节亮度，配合超宽的照明角度，可以 360 度旋转，满足不同的拍摄需求。图 2-6 所示为两款常见的补光灯。

图2-6　补光灯

4．摄影棚

摄影棚的搭建是视频前期拍摄准备中成本支出最高的一部分，它对于专业的视频拍摄团队是必不可少的。要想搭建一个摄影棚，首先需要较大的场地，因为过小的场地可能会导致摄像师的拍摄距离不够。

在摄影棚搭建完毕后，要进行内部的装修设计。摄影棚的装修设计必须依照视频的拍摄主题来进行，最大限度地利用有限的场地，道具的安排也要紧凑，避免空间上的浪费。

此外，视频的拍摄场景不是一成不变的，这就要求在摄影棚场景设计上一定要灵活，这样才能保证在视频拍摄过程中可以自由地改变场景。

2.4　视频内容策划

网络视频内容策划非常重要，这关系到视频的顺利拍摄和视频播放效果。要想通过输出优质内容来打造爆款视频，首先要明晰网络视频的内容规范，以及各平台对视频内容的基本要求，确立受众感兴趣的视频主题，确定网络视频的时长，制订具有可行性的拍摄方案，才能顺利地进入视频拍摄阶段。

2.4.1　明晰网络视频的内容规范

随着互联网技术的迅猛发展，网络视频迅速崛起，各类平台层出不穷，充分满足了人们休闲娱乐的需求。在这些平台给人们的休闲娱乐带来利好影响的同时，我国相关部门也强化了对网络视频平台的法律监管，确保网络视频平台在进行视频传播的过程中，能够充分契合社会责任意识要求，在法律允许的范畴内进行视频内容的制作与传播。

1. 视频内容管理规范

2017 年 6 月 30 日，中国网络视听节目服务协会发布了《网络视听节目内容审核通则》(以下简称《通则》)，旨在进一步指导各网络视听节目机构开展网络视听节目内容审核工作，提升网络原创节目品质，促进网络视听节目行业健康发展。

《通则》针对的网络视听节目具体包括网络剧、微电影、网络电影、影视类动画片、纪录片，文艺、娱乐、科技、财经、体育、教育等专业类网络视听节目，以及其他网络原创视听节目。

《通则》确立了两大内容审核原则，即先审后播和审核到位，具体审核要素包括政治导向、价值导向和审美导向，以及情节、画面、台词、歌曲、音效、人物、字幕等。

《通则》中的每一条都详细列举了各项禁止内容。2018 年出台的《网络短视频内容审核标准细则》，统一了短视频内容审核标准，短视频监管对标长视频。视频内容的管理规范，有利于规范网络视频传播秩序，提升网络视频内容质量，促使网络视频平台提供更多符合主流价值观的产品。

2. 视频内容的基本要求

网络视频管理规范要求网络视频创作者牢固树立精品意识，下功夫提升视频内容品质，提高原创能力，努力传播思想精深、艺术精湛、制作精良的优秀作品。

对网络视频原创内容的基本要求如表 2-2 所示。

表 2-2 对网络视频原创内容的基本要求

创意性	视频内容构思独特，视角新颖，让人耳目一新。内容创意性是影响受众是否观看的关键因素
知识性	视频内容有价值，看完后能够让人们学到对应的知识。无论是科普类视频，还是教育类视频，实用性较强的干货知识很重要
专业性	在选题领域中内容见解有深度，主张观点能够说服众人
娱乐性	视频内容生动有趣，可以以娱乐的形式来展现，能够带给观众放松、愉悦的感官享受
情感性	视频内容具有情感性，能够真实地表达人物的情感
整体性	视频表述清晰、完整，主题突出，观点鲜明
健康性	视频内容积极向上，充满正能量，保证视频的健康性，不违背规范要求

对网络视频质量的基本要求如图 2-7 所示。

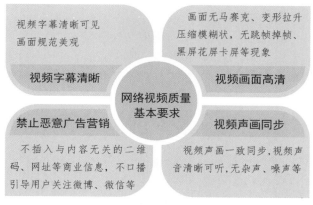

图2-7 对网络视频质量的基本要求

2.4.2 确立网络视频的主题

创作网络视频时，首先需要明确主题，就像写一篇文章，如果主题不明，文章的辞藻再华丽也是没有灵魂的。无论选择从哪个领域入场，都要有自己独特的视角，明确地表达出自己的观点，选择合适的主题进行精准定位，这样才能吸引目标受众的关注。

如果视频主题不明，就如同一盘散沙，没有主线，没有灵魂，那么整个视频就没有亮点，没有中心，也就没有任何吸引力。

那么，如何确立网络视频的主题呢？

1. 市场调查，借鉴经验

在确立视频的主题之前，最好先进行市场调查与研究分析。找出那些受到大众欢迎的视频，反复观看并分析视频主题，找出其亮点及独特之处，取他人之长，补己之短，通过借鉴成功经验来模仿实践。需要注意的是，模仿不等于照抄，一定要融入自己的创意，表明自己的态度与观点，尽量避免选择冷门主题。

2. 积极关注，迎合受众需求

网络视频是否被受众接受和喜爱，与其主题有着极大的关系。视频所表达的主题必须能够满足受众的需求，才能激发其观看的欲望，从而吸引更多的粉丝，产生更大的流量。

因此，要积极关注受众的喜好，从自身到一切外部渠道都要有意识地去挖掘受众的核心需求。站在受众的角度，沿着受众的行为路径，分析感受他们的想法和思路，针对他们所做事情的某个环节来思考他们可能会遇到的问题，以及如何为他们解决这些问题。例如，对于爱情、民生、青春、怀旧等主题，不同的人群有着不同的需求和爱好，积极关注大众的娱乐消费行为，迎合受众需求，从而明确视频创作主题。

3. 使用互动式、参与式主题

创作视频时，可以选择一些新颖的主题，采用引导参与的形式，可以达到更好的交互效果。例如，"变废为宝"这个主题可以教人们将家中闲置的物品改成流行、实用的物品，这种实用技巧类的视频更容易形成与受众的互动。而对于"宅家最适宜的健身方式"这个主题，可以教人们如何在没有健身器械的情况下进行锻炼。

除了设计视频内容中的交互式主题之外，还可以设计一些要点供受众参与讨论，提出问题后引导受众留言评论。

4. 与众不同，体现个人特色

视频创作的主题最好符合自己的兴趣爱好，因为在自己擅长的方面更容易做出特色，形成自己的标签，既有利于树立与发展个人品牌，也能给自己提供源源不断的创作动力，激发出更多的创意和灵感，使作品主题充分展现个人特色，加深受众对作品的印象，吸引更多受众的关注。对于自己喜欢的事物，我们会更愿意花时间去学习、去了解，于是在自身的知识储备库中会积累大量的素材，更利于持续地输出优质的作品。

2.4.3 确定网络视频的时长

明确了网络视频主题后，就需要确定视频的时长，是1分钟、5分钟、10分钟，还是30分钟甚至更长，需要依据网络视频的选题来确定。

目前，我们可以把视频选题分为穿搭类、汽车类、宠物类、游戏类、美妆类、美食类和剧情类等。研究机构调查数据显示，穿搭类的视频时长最短，剧情类的视频时长较长。穿搭类视频越短，越容易把控，关注度也越高，点赞数越多；汽车类视频加上故事情节后，更容易吸引受众关注；美妆类视频点赞较为均匀，受时长的影响较小，时间长短都能获得不错的点赞数；剧情类视频并不是越长点赞数越多，许多短剧情播放效果也非常不错。

未来短视频和长视频都会存在，前者适合碎片化时间消费，后者适合沉浸化时间消费。长视频在科普、教育、综艺娱乐、Vlog 等内容领域有着更多的优势。各类视频选题不同，展示形式不同，视频的时间长短也不一样，因此需要深入了解所选领域，更加细致地研究适合自身选题方向的时长，同时注意结合网络视频的展示形式灵活把握。

➡ 2.4.4 制订具有可行性的视频策划方案

在制订视频策划方案时，其必须具有可行性，否则只是纸上谈兵，没有任何实际意义。视频策划方案的可行性与所持的资金、人员的安排，以及拥有的资源都是分不开的，只有全面考量这些实际问题，才能制订出具有可行性的策划方案。

1. 重视关键问题

在策划不同主题视频方案的过程中，可能会遇到各种各样的问题。为了确保最终的方案具有可行性，策划者必须重视这些问题的关键点，然后针对关键点给出解决计划。解决计划包含策略及实施的步骤，确保方案在执行过程中可以有条不紊地进行。很多时候，策划方案可能不止一个问题，这时就需要按照事情的重要与紧急程度进行排序，优先解决重要且紧急的关键问题，不能顾此失彼，从而保证方案有序地执行。

2. 合理利用资源

资源对于每个视频的创作来说都具有非凡的意义，创作者手中的资源越多，在实施方案时的起点就越高，高起点可以使视频作品更容易获得良好的效果。充分、合理地利用资源，可以缩短创作周期，提高创作效率。

资源包括很多方面，其中资金是最基本也是最重要的。只要资金充足，就可以选用专业的设备、精致的道具和布景，或者聘请专业的视频创作人员，这样更容易创作出精品视频。

3. 团队成员分工协作

对于要求较高的视频作品，需要组建专业的团队才能完成，因为只有团队成员分工协作，才能保证视频创作的效率。高效的分工协调机制非常重要，为了提高工作效率，策划者在策划方案中必须详细说明具体分工，使每个成员都清楚自己的工作范围，明确自己的工作职责，避免发生相互推诿的情况，保证在规定的时间内顺利完成视频作品的创作。

另外，团队成员之间的沟通协作也很重要，良好的沟通是成功的一半，负责人与成员之间、成员与成员之间必须保持良好的沟通，在遇到问题时才不会发生混乱，才能使各项工作有条不紊地进行。

4. 分解目标逐级完成

一个视频作品从内容策划到拍摄制作再到最终的运营，每一步都包含繁杂的工作流程，如果没有头绪地盲目开展，很容易走弯路，从而降低工作效率。为了避免这一情况，策划者可以把最终目标进行分解，把工作流程分成一个个阶段，并且给每一个阶段都制订一个小目标，小目标更容易达成，从而为创作者指引方向，使其以轻松的心态完成每一步工作。

课后习题

1. 简述视频拍摄的前期准备工作包括哪些。
2. 简述视频制作团队人员构成及其工作职责。
3. 简述常用的视频拍摄设备与辅助设备有哪些。

第3章

视频拍摄技能储备

要想顺利地完成视频拍摄，让视频作品吸引更多的观众，并给观众留下深刻的印象，不仅要学会使用拍摄设备拍出美轮美奂的画面，还要学会通过构图、色彩、光线的设计来吸引观众的眼球，用生动的画面来感染观众。本章将讲解拍摄视频的各种必备技能，其中包括视频画面构图、不同光线的运用方法，以及运动镜头的运用方法等知识。

学习目标

● 掌握拍好视频的五大要素。

● 掌握视频画面构成的基本要素，以及构图的基本要求。

● 掌握视频画面构图的基本原则，以及常用的构图方式。

● 掌握不同光线的运用方法。

● 掌握视频拍摄中运动镜头的运用方法。

3.1 拍好网络视频的五大要素

要想拍好网络视频，在拍摄时需要把握好五大要素，分别为景别、景深、色调、构图和光线。

1. 景别

景别是指被摄主体在画面中所呈现出的范围大小。景别的大小是由被摄主体与摄像机的拍摄距离决定的，拍摄距离越远，景别越大；拍摄距离越近，景别越小。

根据景距与视角的不同，景别一般分为以下几类。

- **极远景**：极遥远的镜头景观，人物小如蚂蚁。
- **远景**：深远的镜头景观，人物在画面中只占很小的部分，如图3-1所示。远景具有广阔的视野，常用来展示事件发生的环境、规模和气氛，例如，表现开阔的自然风景、群众场面等，重在渲染气氛，抒发情感。
- **大全景**：包含整个被摄主体及周遭大环境的画面，通常用来拍摄视频作品的环境介绍。
- **全景**：摄取人物全身或较小场景全貌的视频画面，画面中的人物不允许"顶天立地"，要留有一定的空间，全景通常用来表现人物全身形象或某一具体场景的全貌，如图3-2所示。

图3-1 远景

图3-2 全景

- **中景**：俗称"七分像"，指摄取人物小腿以上部分的镜头，或者用来拍摄与此相当的场景的镜头，是表演性场面的常用景别。
- **近景**：指摄取人物胸部以上的视频画面，有时也用于表现景物的某一局部，近景通常用于表现人物表情，如图3-3所示。
- **特写**：指在很近的距离内摄取对象，通常以人体肩部以上的头像为取景参照，突出强调人体的某个局部，或相应的物体细节、景物细节等。
- **大特写**：又称"细部特写"，指突出头像的局部，或身体、物体的某一细节部分，如眉毛、眼睛等，如图3-4所示。

图3-3 近景

图3-4 大特写

在视频的拍摄过程中，中景、近景、特写最为常用，极远景、远景、全景次之。

2. 景深

景深是指被摄主体影像纵深的清晰范围，也就是说，以聚焦点为标准，聚焦点前"景物清晰"的这一段距离加上聚焦点后"景物清晰"的这一段距离就是景深。

景深能够表现被摄主体的深度（层次感），增强画面的纵深感和空间感。景深分为深景深、浅景深，深景深的背景清晰，浅景深的背景模糊。

使用浅景深模糊背景，可以有效地突出被摄主体，如图3-5所示。在拍摄近景和特写时，通常会采用浅景深，这样能够将主体和背景剥离开来。只有被摄主体清晰，才能锁定观众的目光，例如，拍摄人像、静物、花草等题材时，选择用大光圈进行拍摄，大光圈镜头拍摄的特点就是呈现出一虚一实的梦幻效果，可以让拍摄者轻易拍出"前清后朦"的浅景深效果，通过虚化的背景来凸显被摄主体。

深景深能够起到交代环境的作用，说明被摄主体与周围的环境及光线之间的关系。在拍摄风光、大场景、建筑等题材时，使用小光圈进行拍摄，背景清晰，能够很好地展现画面的层次，如图3-6所示。

图3-5 浅景深

图3-6 深景深

3. 色调

色调不仅能够带给观众强烈的视觉冲击，还能够传递情绪，正确地运用色调能够增加视频的故事感。

● 冷色调可以营造肃杀感。色调偏冷的画面主要有蓝色、青色、灰色，也可以有少量的红色或黄色，主要用来表现清冷的效果（见图3-7），常用于悬疑类视频中。这类视频拍摄时，以冷色光源为主，突出画面中的蓝青色调，当然可以有亮色、中间色的明暗侧重，但整体要给人以冷静、清凉的感受。

● 暖色调可以突出温馨、祥和的气氛。暖色调的画面中主要有黄色、橙色、红色等，也可以有少量的蓝色或黑色，整体给人以温暖、温馨、温情的感觉。拍摄这类视频时，以暖色光为主，整体上制造出偏红黄的光效，如图3-8所示，也可以让有指向性的光线打亮部分环境，使被摄主体与环境形成明显的反差，营造出温馨、祥和的气氛。

图3-7 冷色调

图3-8 暖色调

- 黑白色调可以传递怀旧的情感。去掉色彩的黑白视频画面能让人更注意画面中的光影，通常采用侧光、逆光拍摄可以形成黑白色调的剪影效果，如图3-9所示。
- 浅色调可以营造清新脱俗的意境。在拍摄浅色调画面时，要注意曝光程度，拍摄时可以适当降低色温和曝光，或者降低饱和度，如图3-10所示。

图3-9　黑白色调

图3-10　浅色调

4. 构图

在视频拍摄的过程中，恰当的构图不仅可以让人感觉主体明确，还会给人以视觉和心理上的冲击，而失败的构图则会让人感觉杂乱无章。不同的被摄主体及作品所要表达的主题不同，需要采取不同的构图方式，这样才能使画面更加和谐、美观，提高观众的观赏兴趣及对视频作品的评价。

5. 光线

光线在视频拍摄中起着举足轻重的作用，所有的画面拍摄都离不开光线。要拍摄视频，首先要学会光线的运用方法，合理、有效、有意识地利用光线是每个视频拍摄者必须掌握的技能之一。

3.2　画面构图

构图能够创造画面造型，表现节奏与韵律，是视频作品美学空间性的直接体现，有着无可替代的表现力，其传达给观众的不仅是信息，同时也是一种审美情趣。在视频拍摄的构图过程中，既要遵循一定的原则，又要根据被摄主体及拍摄者想表达的思想情感采取不同的构图方式，这样才能拍摄出优秀的视频作品。

视频画面构成的基本要素包括主体、陪体和环境。

主体就是拍摄者要表现的主要对象，既是内容表现的重点，也是视频主题的主要载体，同时还是画面构图的结构中心。主体可以是某一个被摄对象，也可以是一组被摄对象；可以是人，也可以是物。例如，在图3-11所示的画面中，背对镜头远眺的人物就是主体。

陪体是指在画面中与主体有着紧密的联系，或者辅助主体表达主题的对象。陪体可以增加画面的信息量，使画面更自然、更生动、更有感染力，但不能喧宾夺主。分清主体和陪体，画面才有主次，才有重心。

环境是围绕着主体与陪体的环境，包括前景与后景两个部分。其中，前景位于主体之前。靠近镜头位置的人物、景物被统称为前景，前景有时也可能是陪体。后景与前景相对应，是指位于主体之后的人物或景物，一般多为环境的组成部分。在图3-12所示的画面中，海滩与海水就是衬托主体的环境。

图3-11　主体

图3-12　环境

3.2.1　视频画面构图的基本要求

构图是一项即兴的、富于创造性的工作，其根本目的是使主题和内容获得尽可能完美的形象结构和画面造型效果，不管构图形式如何变幻，都不能离开这一目的，所以拍摄者需要了解一些视频画面构图的基本要求。

1. 画面简洁，主体突出

"大道至简"，极简构图追求简约而不简单，通常背景干净、主体突出、线条鲜明、色彩反差大、有大量留白。极简构图需处理好主体、陪体及环境之间的关系，使画面整洁、流畅，主次分明，主体、陪体相互照应、轮廓清晰，条理和层次井然有序。

要想使画面简洁，主体突出，在拍摄视频时可以采用以下方法。

- 内容减法：把画面中多余的杂物去除，使主体更加醒目，背景自然纯净，如图 3-13 所示。
- 色彩减法：画面色彩不宜过多，如图 3-14 所示。如果色彩太多，就不能突出主色，会造成主次不分。

图3-13　内容减法

图3-14　色彩减法

- 景别减法：通过近景特写取景，将多余的杂物避开，如图 3-15 所示。
- 距离减法：让摄影设备尽可能地接近被摄主体，远离背景，可以有效地突出主体，虚化背景。
- 光线减法：通过光线的明暗对比来突出主体，拍摄时降低曝光可以减弱周围杂乱光线的影响，如图 3-16 所示。
- 留白减法：追求"空白"，即拍摄时虽然画面单一，但主体不缺失，可以运用天空、大海等背景衬托主体。
- 二次构图：通过视频剪辑二次构图，达到突出主体，使画面简洁的目的。

图3-15 景别减法

图3-16 光线减法

2. 灵活构图，立意明确

构图形式是拍摄者构思立意的直接体现，每个镜头所要传达、表现的思想内容和艺术内涵必须是明确且集中的，切忌模棱两可，不明不白，而应以鲜明的构图形式反映出作品表达的主题和立意。因此，拍摄者要熟悉构图规则，但又不拘泥于这些规则，这样才能创作出有生命力的作品。

拍摄者可以通过以下几种构图方法来更加鲜明地体现作品的主题。

（1）运用对比手法，深化主题。拍摄者要善于利用色彩的对比、形态的对比、影调的对比等手法，使两个相互对比的主题元素相互加强，从而突出视频的表现力，达到深化主题的目的，如图3-17所示。

（2）运用斜构图能够增强视频画面带给观众的视觉冲击力。斜构图经常被认为是一种不合规则的构图，是一种与黄金分割、对称法等常规构图相反的构图方式，常用来表现人物的情绪之美，挖掘最深处的细节之美。尤其拍摄特写时，斜镜头不会造成画面失衡反而能营造美感，如图3-18所示。

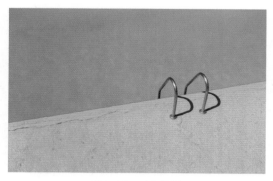

图3-17 对比构图

图3-18 斜构图

（3）运用残缺构图能够给观众制造画面的神秘感。拍摄人物时，拍摄者有意追求残缺的形象，不求画面中人物形象的完整，只求展现主体活动的瞬间影像。这种画面没有完整的形象，只是残缺的局部，但这个局部正是对主旨精神的传达，残缺带给观众神秘感，可激发其好奇心和想象力，如图3-19所示。

（4）运用框架构图能够拍出具有"偷窥"效果的视频画面。拍摄者可以利用"隔物偷窥"法，透过物体拍主体；或巧用镜面、水面等反光体，增强画面的空间感和层次感；还可以利用前大后小的形体，使其呈现出延伸和夸张效果，如图3-20所示。

图3-19　残缺构图

图3-20　框架构图

3. 画面要有表现力和造型美感

在构图时，拍摄者可以根据所要拍摄的内容和现实条件，通过画面的设置、光线的运用、拍摄角度的选择，以及调动影调、色彩、线条、形状等造型元素，创造出具有表现力和造型美感的构图形式，如图 3-21 所示。

图3-21　具有表现力的构图方式

4. 画面运动要有依据，有迹可循

视频的最大特点就是画面是运动的，动态构图往往是视频拍摄的主要构图形式。在动态构图中，拍摄者自始至终要注意运动方向、运动速度和运动节奏等因素的起伏变化。如果被摄主体是人物，应以人物的运动轨迹作为画面构图的依据；如果是环境介绍和交代背景的画面，没有人物出现，则应找出能够表现环境特色的主要对象作为构图依据。

动态构图下的被摄主体与镜头同时或分别处于运动状态，使画面内形象的组合及相互关系连续或间断地发生变化，只有保证画面运动有理有据，有迹可循，才能使视频画面合乎情理，被观众接受和认可。

3.2.2　视频画面构图的基本原则

视频拍摄与静态摄影的构图原则十分相似，不仅要注意被摄主体的位置，还要保持画面的平衡性和画面中各元素之间的内在联系，要注意调整构图对象之间的相对位置及大小，并确定各自在画面中的地位。

在视频拍摄的过程中，需要围绕被摄主体进行恰当的构图，只有遵循构图原则，才能使拍摄出来的视频更具艺术魅力和美感。构图原则包括美学原则、均衡原则、主题服务原则和变化原则。

1. 美学原则

视频画面的构图要遵循美学原则，要具备形式上的美感，具体如下。

（1）主体不应居中，要注意黄金分割，还要注意画面的平衡性。

（2）主体和陪体应当主次分明，要强调主体，不能让陪体和环境喧宾夺主。

（3）人或物不应一字排开，应高低起伏、层次分明、错落有致。

（4）人或物之间的距离不应均等，要有疏有密。

（5）水平线及景物的连天线不要歪斜不稳。

（6）人物不要全部以正面出现，最好与镜头形成一定的角度。

（7）重视画面中的"线条"，它们可以让画面富有动感和韵律感。

2. 均衡原则

均衡是良好构图的一个重要原则，均衡的结构能够在视觉上产生形式美感。要判断画面是否均衡，可以将画面分为四等份，形成一个"田"字格，在"田"字格的四个格子里都有相应的元素，且这些元素分布均衡，则画面整体会显得有均衡的美感。

需要注意的是，不要以为均衡就是对称，对称的画面常常会给人以沉闷感，而均衡的画面绝不会在视觉上引起人们的不适。要想让构图均衡，就要让画面中的形状、颜色和明暗区域相互补充与呼应。

3. 主题服务原则

视频画面的构图必须要为拍摄的主题服务，所以在构图时应当遵循主题服务原则，具体如下。

（1）为了表现被摄主体，要采用合适、让人感到舒服、具有形式美感的构图方法。

（2）为了突出表现主题，有时甚至可以破坏画面构图的美感，使用不规则的构图。

（3）若某个构图优美的画面与整个视频作品的主题风格不符，甚至妨碍了主题思想的表达，可以考虑将其剪掉。

4. 变化原则

视频不是照片，观众是不能容忍一个构图没有任何变化的视频作品的，而变化也正是视频的主要特征与魅力所在。因此，在视频构图中，除了构图所表现的内容变化以外，构图形式的变化也是绝对不可忽视的。

→ 3.2.3 常用的视频画面构图方式

在视频拍摄的过程中，不论是移动镜头，还是静止镜头，拍摄的画面其实是静止画面多个画面的组合。因此，摄影中的一些构图方法在拍摄视频时同样适用。下面将详细介绍 16 种常用的画面构图方式。

1. 中心构图法

中心构图法，就是将主体放置在视频画面的中央进行拍摄，横竖不限。一般在相对对称的环境中拍摄时会选择中心构图法对画面进行构图，这样能够将主体表现得更加突出、明确，画面容易达到左右平衡的效果。

在采用这种构图方式时，要注意选择简洁或者与被摄主体反差较大的背景，使主体从背景中"跳"出来，如图 3-22 所示。

图3-22　中心构图法

2．九宫格构图法

　　九宫格构图法，就是利用画面中的几条分割线对画面进行分割，将画面分成相等的九个方格。拍摄时将被摄主体放置在线条的四个交点上，或者放置在线条上，这样拍摄出的画面看起来更和谐，给人一种美的享受，如图3-23所示。这种构图法操作简单，表现鲜明，画面简练，无论是在摄影还是摄像中都非常实用。

图3-23　九宫格构图法

3．二分／三分构图法

　　二分构图法，就是利用线条把画面分割成上下或者左右两部分的构图方法，在拍摄天空和地面或地平线时比较常用。使用这种构图法时，可以将地平线或水平线放在画面正中附近，将画面一分为二，如图3-24所示。

　　利用用二分构图法，可以拍摄出比较震撼的风景画面。同样，也可以用在前景与后景区分明显的画面中，这时采用的是左右二分构图法，如图3-25所示。

图3-24　上下二分构图法　　　　　　　　图3-25　左右二分构图法

三分构图法实际上是黄金分割法的简化版，它可以避免画面过于对称，增加画面的趣味性，从而减少呆板感。在使用三分构图法时，通常是在横向或纵向上将画面划分成分别占 1/3 和 2/3 面积的两个区域，将被摄主体安排在三分线上，从而使画面主体突出、灵活、生动，如图 3-26 和图 3-27 所示。

图3-26　横向三分构图法

图3-27　纵向三分构图法

4. 对称构图法

对称构图法，就是按照对称轴或对称中心使画面中的景物形成轴对称或者中心对称，给观众以稳定、安逸、平衡的感觉。这种构图法常用于拍摄对称的物体，可以在画面中营造一种庄重、肃穆的气氛，但不适合表现快节奏的内容，因为这种构图有时会显得呆板，缺少灵性，视觉冲击力不够强。

需要注意的是，使用对称构图法时，并不是讲究完全对称，只要做到形式上的对称即可。图 3-28 所示为采用对称构图法拍摄的视频画面。

图3-28　对称构图法

5. 框架构图法

框架构图法，就是用前景景物形成某种具有遮挡感的"框架"，这样有利于增强构图的空间深度，将观众的视线引向中景、远景处的主体。由于框架的亮度往往暗于框内景色的亮度，明暗反差较大，所以在使用这种构图法时需要注意框内景物曝光过度与边框曝光不足的问题。

这种构图法在视频中会让观众产生一种"窥视"的感觉，增强画面的神秘感，从而激发观众的观看兴趣。图 3-29 所示为采用框架构图法拍摄的视频画面。

在使用框架构图法拍摄视频时，拍摄者要注意让被摄主体与框架保持平行，做到"横平竖直"。所用的框架不一定是方形或圆形的，还可以是多种形状的，既可以利用拍摄现场实际存在的物体来形成框架，也可以利用光线的明暗对比来形成框架。

图3-29 框架构图法

6. 水平线构图法

水平线构图法，就是以景物的水平线作为参考，用比较水平的线条来展现景物的宽阔和画面的和谐，给人一种延伸的感觉，一般用于横幅画面，比较适合场面很大的风光拍摄，能够让观众产生辽阔、深远的视觉感受。

在使用水平线构图法进行构图时，居中水平线能够给人以和谐、稳定的感觉，下移水平线主要是强调天空的风景，上移水平线主要强调眼前的景物，而多重水平线则会产生一种反复强调的效果。图 3-30 所示为采用水平线构图法拍摄的视频画面。

图3-30 水平线构图法

7. 垂直线构图法

垂直线构图法，就是利用垂直线进行构图，主要强调被摄主体的高度和纵向气势，多用于表现深度和形式感，给人一种平衡、稳定、雄伟的感觉。在采用这种构图法时，要注意让画面的结构布局疏密有度，使画面更有新意且富有节奏感。图 3-31 所示为采用垂直线构图法拍摄的视频画面。

图3-31 垂直线构图法

8. 对角线构图法

对角线构图法，就是指被摄主体沿着画面的对角线方向排列，能够表现出很强的动感、不稳定性和有生命力的感觉，给观众以更加饱满的视觉体验。

对角线构图法中的对角线关系可以借助物体本身具有的对角线，也可以利用倾斜镜头的方式将一些倾斜的景物或横平竖直的景物，以对角线的形式呈现在画面中。使用这种构图法拍摄出来的画面往往具有很好的纵深效果和透视效果，如图 3-32 所示。

图3-32　对角线构图法

9. 引导线构图法

引导线构图法，就是利用线条来引导观众的目光，使观众的目光汇聚到画面中的主要表达对象上。这种构图方式可以让画面具有很强的纵深感和立体感，让画面中的前后景物相互呼应，让画面的层次结构与布局更加分明，适合拍摄大场景、远景的画面。图 3-33 所示为使用引导线构图法拍摄的视频画面。

图3-33　引导线构图法

需要特别指出的是，引导线不一定是具体的线条，流动的溪水、整排的树木，甚至目光等均可作为引导线使用，在拍摄时应注重体现意境和视觉冲击力。在拍摄视频时，我们可以首先确定引导线，然后再考虑如何构图，将观众的视线引导到画面的主体上。

10. S 形构图法

S 形构图法，是指被摄主体以 S 形曲线从前景向中景和后景延伸，使画面形成纵深的空间关系，让画面更加灵动，表现出曲线线条的柔美。需要说明的是，这里所说的 S 形曲线并不要求一定是完美的 S 形，既可以是一些没有完全形成 S 形的曲线，也可以是一些弧度较小的曲线元素等。

S 形构图法的动感效果强烈，既动又稳，不仅适合表现山川、河流等自然景象的起伏变化，还适合表现人体或物体的曲线等。图 3-34 所示为采用 S 形构图法拍摄的视频画面。

图3-34 S形构图法

11. 三角形构图法

三角形构图法，就是以三个视觉中心为景物的主要位置，形成一个稳定的三角形，画面具有安定、均衡但不失灵活的特点。三角形构图又可以分为正三角形构图、倒三角形构图、不规则三角形构图，以及多个三角形构图。

正三角形构图能够营造出画面整体的安定感，给人以力量强大、无法撼动的印象；倒三角形构图则给人一种由不稳定性所产生的紧张感；不规则三角形构图则能够给人一种跃动感；多个三角形构图则能表现出动感，在溪谷、瀑布、山峦等的拍摄中较为常见。图 3-35 所示为采用三角形构图法拍摄的视频画面。

图3-35 三角形构图法

12. 辐射构图法

辐射构图法，就是以被摄主体为核心，让景物呈向四周扩散放射的构图形式。该法可以使观众的注意力集中于被摄主体，而后产生开阔、舒展的感觉，经常用于需要突出主体且场面比较复杂的场合，也用于使人物或景物主体在较为复杂的情况下产生特殊效果的场景。

虽然辐射出来的是线条或图案，但按照其规律可以很清晰地找到辐射中心。辐射构图法具有两大特点：一是增强画面张力，如在风光类视频中，一束束阳光穿过云层，使用辐射构图法可以有效地增强画面的张力，如图 3-36 所示；二是收紧画面主题，虽然辐射构图法具有强烈的发散感，但这种发散具有突出主体的鲜明特点，有时也可以产生局促沉重的感觉，如图 3-37 所示。

图3-36　增强画面张力

图3-37　收紧画面主题

13. 建筑构图法

由于建筑物具有多样的外形，迥异的风格，要想拍出引人注目的视频画面效果，关键在于建筑构图。对于不同类型的建筑物应采用不同的构图法进行拍摄，尽量展现出建筑中蕴含的美。

建筑物具有不可移动性，因此选择的拍摄点应有利于表现建筑的空间、层次和环境，包括高视点取景、低视点取景和平视取景。

在拍摄建筑群时，高视点取景能够较好地表现出建筑群的空间层次感，如图 3-38 所示。低视点取景即采用极低的机位或极端水平、垂直的视角进行拍摄。低角度仰拍往往可以拍摄出令人惊叹的画面效果，如图 3-39 所示。高视点取景能展现建筑物的全貌，低视点取景能突出建筑物的局部。

图3-38　高视点取景

图3-39　低视点取景

14. 封闭式构图法和开放式构图法

封闭式构图法比较讲究画面整体的和谐与严谨，画面具有一定的完整性，是一种常用的构图方法，适合表现一些和谐、具有美感的风光拍摄题材和一些平静、优美、严肃的人物主体或纪实场面。图 3-40 所示为采用封闭式构图法拍摄的视频画面。

开放式构图法与封闭式构图法正好相反，其画面并非要展现一个相对完整的信息，画面中的某些元素可能被切割掉了一部分，也可能是完整的形象，但其运动状态或某种指向具有向画面外发展的趋势，让人产生对画面外的联想，也就是说，画面内的可见元素与画面外的不可见元素发生了某种关联，人们看到的不只是作品本身大小的画面，而是在头脑中产生了更大、更广的画面。图3-41所示为采用开放式构图法拍摄的视频画面。

图3-40　封闭式构图法

图3-41　开放式构图法

15. 紧凑式构图法

紧凑式构图法，就是将被摄主体以特写的形式加以放大，使其以局部布满整个画面，这样构图的画面具有饱满、紧凑、细腻等特征，如图3-42所示。采用紧凑式构图法来刻画人物的面部表情，往往能够达到出神入化的境界，给观众留下十分深刻的视觉印象，如图3-43所示。

图3-42　紧凑式构图法

图3-43　采用紧凑式构图法拍摄人物面部表情

16. 留白式构图法

留白式构图法，就是剔除和被摄主体关联性不大的物体，形成留白，让画面更加精简，这样更容易突出主体，形成视觉冲击力，给观众留下想象的空间。主体与留白是相互依存的，留白既可以衬托主体，又可以对主体形象进行补充与强化。

在为视频画面构图时，通过留白可以让观众把注意力集中在主体上，同时极简的画面会让人感到舒适，更有唯美感。图3-44所示为采用留白式构图法拍摄的视频画面。

需要强调的是，这里所说的留白不一定是指纯白或纯黑，只要色调相近、影调单一、衬托画面主体形象的部分，如天空、草地、长焦虚化的背景物等，在不干扰观众视线的情况下，都可以称为留白。

图3-44　留白式构图法

3.3　光线的运用

光线不仅能够照亮环境，还能通过不同的强度、色彩和角度等来描绘物体，影响视频画面的呈现效果。光线对视频画面的影响主要体现在光线的"再创造力"上，能够将被摄主体"装点"得更加美丽动人。因此，光线运用得恰当与否会直接影响视频拍摄的质量。

3.3.1　不同光源的运用

根据光源的不同，可以将光线分为自然光、场景光和人造光。

1. 自然光

自然光是指非人为因素产生的光，即太阳、月亮或星星等光源发射出来的光线。绝大多数情况下，人们所说的自然光指的是太阳光，它有三种不同的形态，即直射光、天空的散射光和环境的反射光。

直射光就是指阳光没有经过间隔物而是直接照射到被摄主体上的光线。在晴天的户外，正午时分阳光灿烂，光线充足，光线强度大，光质比较硬，适合拍摄缤纷多彩的事物；晨昏时刻的直射光比较柔和，光线强度低，阳光温暖，光质柔和，这时是拍摄较佳的时间段，便于捕捉人物情绪，拍出的视频画面更具戏剧性、神秘感，更具视觉冲击力。

散射光包括天空光、薄云遮日光、乌云密布光。天空光主要是指太阳光在地球大气层中经反复反射及空间介质的作用，形成的柔和的漫散射光；当太阳光被薄薄的云层遮挡时，光线便失去了直射光的性质，但仍有一定的方向性，这种光就是薄云遮日光；在浓云遮日的阴天、雨天或雪天，太阳光被厚厚的乌云遮挡，经大气层反射形成阴沉的漫射光，完全失去了方向性，光线分布均匀，这时的光线就是乌云密布光。

反射光就是指直射光经过物体（如建筑物、墙面、地面、水面等）反射得到的光线，反射光也属于自然光。

自然光受季节、天气、时间、地理位置的影响，形成的光线性质特征也不同，拍摄者需根据拍摄要求、主题表现，选择不同的光线进行拍摄。

2．场景光

场景光一般比较复杂，有窗外照射进来的阳光，也有室内的灯光等。如何更好地利用场景光需要具体场景具体分析，总之利用场景光的目的是明确主题，突出主体，简化画面。场景光具有两个特点，一是光源复杂，二是光线强度较弱。对于复杂的光源，运用前须先分析光源的色温和光源的方向，因为只有掌握好光源的方向才能进行更好的拍摄。

3．人造光

人造光是由人工设计制造的仪器、设备产生的光。当自然光不能满足视频拍摄的需要时，拍摄者就可以利用闪光灯、聚光灯，甚至手电筒、蜡烛这些人造的光源。

人造光具有较高的可控性，拍摄者可以根据需要来调整光线的强度、角度等，因此人造光非常适合拍摄人物和静物。

此外，在夜晚的城市中，各式各样的街灯、霓虹灯和广告牌所发出的光线都属于人造光，这种人造光可以为夜景拍摄提供很好的光线条件。

➡ 3.3.2　不同软硬性质光线的运用

有些光是硬的、刺目的、聚集的、直接的；有些光是软的、柔和的、散射的、间接的。在视频拍摄中，光能够影响被摄主体展现的形状、影调、色彩、空间感，以及美感、真实感。拍摄者需要对各种光加以分析，了解光的各种特性，掌握各种光的不同作用，那样在视频拍摄时才能充分发挥光的作用，更好地展现被摄主体的形象，从而深化作品主题。

我们把拍摄所用光线的软硬性质称为光质，光线分为硬质光和软质光。

1．硬质光

硬质光即强烈的直射光，如晴天的阳光，聚光灯、回光灯的灯光等，它们产生的阴影明晰而浓重。被摄主体在硬质光的照射下有受光面、背光面和影子，可以造成明暗对比强烈的造型效果，这样的造型效果可以使被摄主体形成清晰的轮廓形态，适合表现被摄主体粗糙表面的质感。图3-45所示为采用硬质光拍摄的视频画面。

图3-45　硬质光

2．软质光

软质光是一种漫散射性质的光，没有明确的方向，不会让被摄主体产生明显的阴影。如阴天、雨天、雾天的天空光或添加柔光罩的灯光等都属于典型的软质光。

这种光线拍摄出的视频画面没有明显的受光面、背光面和投影关系，在视觉上明暗反差小，影调平和。利用这种光线拍摄时，能较为理想地将被摄主体细腻且丰富的质感和层次表现出来，但被摄主体的立体感表现不足，而且画面色彩比较灰暗。实际拍摄时，可以在画面中制造一点亮调或打造颜色鲜艳的视觉兴趣点，以使画面更生动。图 3-46 所示为采用软质光拍摄的视频画面。

图3-46　软质光

3.3.3　不同光位的运用

光位是指光源相对于被摄主体的位置，即光线的方向与角度。同一对象在不同的光位下会产生不同的明暗造型效果。常见的光位主要有顺光、逆光、侧光、顶光和脚光等。

1. 顺光

顺光，也称正面光或前光。顺光拍摄的画面中前后物体的亮度一样，没有明显的亮暗反差，被摄主体朝向镜头的一面受到均匀的光照，画面中的阴影很少甚至几乎没有阴影。顺光能够真实再现物体的色彩，在拍摄风景时能够得到平和、清雅的画面效果，在拍摄人物时能够得到过渡平缓、自然柔和的画面效果。图 3-47 所示为采用顺光拍摄的视频画面。

图3-47　顺光

但是，采用顺光拍摄不利于表现被摄主体的立体感和质感，不能突出景物重点，缺乏光影变化和影纹层次。

2. 逆光

逆光，也称背光、轮廓光或隔离光，其光源在被摄主体的后方，在镜头的前方，有时镜头、被摄主体、光源三者几乎在一条直线上。

由于光线照射角度、高度与被摄主体的具体情况的不同，逆光又可以分为正逆光、侧逆光、顶逆光（也称高逆光）。逆光拍摄能够清晰地勾勒出被摄主体的轮廓形状，被摄主体只有边缘部分被照亮，形成轮廓光或剪影的效果，这对表现人物的轮廓特征，以及把物体与物体、物体与背景区分出来都极为有效。图 3-48 所示为采用逆光拍摄的视频画面。

图3-48 逆光

运用逆光拍摄能够获得造型优美、轮廓清晰、影调丰富、质感突出和生动活泼的画面造型效果。在进行逆光拍摄时，需要注意背景与陪体的选择，以及拍摄时间的选择，还应考虑是否需要使用辅助光照明等。

3. 侧光

侧光是一种可用于表现被摄主体的立体感和质感的光线形式之一，被广泛应用于各种题材的视频拍摄中。侧光能够在被摄主体表面形成明显的受光面、阴影和投影，表现被摄主体的立体形态和表面质感。拍摄人物时，运用侧光能够表现人物情绪，在拍摄特写画面时通常将光线打在人物侧脸上。侧光角度不同，可以表现或突出强调被摄主体的不同部位，拍摄时，可以根据需要达到的画面效果采用不同角度的侧光拍摄。图 3-49 所示为采用侧光拍摄的视频画面。

图3-49 侧光

4. 顶光和脚光

顶光是指来自被摄主体顶部的光线。顶光打在人物头顶、肩膀上方；在脸上，额头、颧骨、鼻子、上唇、下巴尖等高起部位被照亮；眼窝、颧骨下方、鼻下等凹处则黑暗，如图 3-50 所示。顶光通常用于反映人物的特殊精神面貌，如憔悴、缺少活力的状态。

脚光是指从被摄主体下方向被摄主体照射的光线，它可以填补其他光线在被摄主体下部形成的阴影，表现特定的光源特征、环境特点，通常用于烘托神秘、古怪的气氛，如图 3-51 所示。

图3-50 顶光

图3-51 脚光

3.4　运动镜头的巧妙运用

　　视频作品离不开镜头，镜头是视频创作的基本单位，一个完整的视频作品是由一个个的镜头组合而成的，镜头的运用直接影响着视频作品的观看效果。

　　运动镜头是指通过机位、焦距和光轴的运动，在不中断拍摄的情况下，形成视角、场景空间、画面构图、表现对象的变化，不经过后期剪辑，在镜头内部形成多构图、多元素的组合，其目的是为了增强画面动感，扩大镜头视野，影响视频的节奏，赋予画面独特的寓意。常见的运动镜头有推拉镜头、摇镜头、旋转镜头、移镜头、跟镜头、升降镜头等。

➡ 3.4.1　推拉镜头

　　推镜头是摄像机向被摄主体方向推进，或者变动镜头焦距使画面框架由远而近向被摄主体不断接近，取景范围由大变小，使被摄主体逐渐接近观众，视距由远变近，景别由大到小，主体由整体到局部。

　　推镜头具有视觉前移效果，拍摄人物时能够随着镜头的推进，捕捉人物的细腻表情和情绪，展现人物的内心世界，或者突出被摄主体的某个部位，从而让观众更清楚地看到细节的变化，如图3-52所示。推镜头的主要作用在于描写细节、突出主体、刻画人物、制造悬念等。

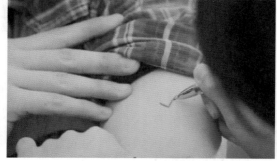
图3-52 推镜头

　　拉镜头与推镜头正好相反，是被摄主体不动，由摄像机做向后的拉摄运动，逐渐远离被摄主体，取景范围由小变大，由局部到整体，使人产生宽广、舒展的感觉。拉镜头能够增加画面的信息量，有利于表现被摄主体与周围环境的关系。

通过拉镜头拍摄可以实现从近距离到远距离观看某个事物的整体过程，它既可以表现同一个对象从近到远的变化，也可以表现从一个对象到另一个对象的变化。这种镜头的应用，主要是突出被摄主体与整体的效果，如图3-53所示。

图3-53　拉镜头

3.4.2　摇镜头

摇镜头是指摄像机的位置不动，只摇动镜头进行左右、上下、移动、旋转等运动，让观众从被摄对象的一个部位到另一个部位逐渐观看，通过摇摄全景，或者跟着被摄主体的移动进行摇摄（跟摇），使观众如同站在原地环顾周围的人或事物。

摇镜头主要表现事物的逐渐呈现，一个又一个的画面从渐入镜头到渐出镜头来展现整个事物。摇镜头具有描绘作用，常用于介绍环境或突出人物行动的意义和目的，如图3-54所示。左右摇镜头一般适用于表现浩大的群众场面或壮阔的自然美景，上下摇镜头则适用于展示高大建筑的雄伟或悬崖峭壁的险峻。

图3-54　摇镜头

3.4.3　旋转镜头

旋转镜头是指被摄主体呈旋转效果的画面，镜头沿镜头光轴或接近镜头光轴的角度旋转拍摄，摄像机快速做超过360°的旋转拍摄，这种拍摄手法多表现人物的眩晕感觉，是影视拍摄中常用的一种拍摄手法。

拍摄旋转镜头的方法如下：手持稳定器快速做超过360°的旋转拍摄，以实现旋转镜头的效果，如图3-55所示。也可以拍摄反向环绕旋转镜头，手持稳定器，身体原地转动即可；也可将稳定器倒置，对被摄物进行低角度旋转环绕拍摄，这种镜头比较适合展现主角的高大形象。

图3-55　旋转镜头

➡ 3.4.4　移镜头

移镜头是指摄像机沿水平面做各个方向的移动拍摄，可以把行动着的人物和景物交织在一起，产生强烈的动态感和节奏感。移镜头具有完整、流畅、富于变化的特点，能够开拓画面的造型空间，表现大场面、大纵深、多景物、多层次的复杂场景，展现出气势恢宏的造型效果，可以表现出各种运动条件下的视觉艺术效果，如图 3-56 所示。

图3-56　移镜头

➡ 3.4.5　跟镜头

跟镜头是摄像机始终跟随运动着的被摄主体一起运动而拍摄的画面。跟镜头可连续地表现被摄主体在行动中的动作和表情，既能突出运动中的主体，又能交代被摄主体的运动方向、速度、体态及与环境之间的关系，使被摄主体的运动保持连贯，有利于展示被摄主体在动态中的面貌，如图 3-57所示。

图3-57　跟镜头

跟镜头对人物、事件、场面的跟随记录的表现方式，在纪实性视频或采访拍摄中有着重要的作用。

3.4.6　升降镜头

升降镜头是指摄像机借助升降装置一边升降一边拍摄的画面。上升镜头是指摄像机慢慢升起，以显示广阔的空间，如图3-58所示；而下降镜头则相反，如图3-59所示。

图3-58　上升镜头

图3-59　下降镜头

升降镜头多用于拍摄大场面的场景，它能够改变镜头视角和画面的空间，有助于增强戏剧效果，渲染气氛。升降镜头的升降运动带来了画面视域的扩展与收缩，同时视点的连续变化形成了多角度、多方位的构图效果，非常有利于展现纵深空间中的点面关系。

3.4.7　甩镜头

甩镜头是快速地将镜头摇动，极快地从一个景物转移到另一个景物，从而将画面切换到另一个内容，而中间的过程则会产生模糊一片的效果，这种拍摄可以表现一种内容的突然过渡。在拍摄视频时，摄像机只需要通过上下或左右的快速移动或旋转等运动即可实现从一个被摄主体向另一个被摄主体的切换。

3.4.8　晃镜头

晃镜头相对于前面介绍的几种镜头方式应用要少一些，它主要应用在特定的环境中，可让画面产生上下、左右或前后等的摇摆效果。

晃镜头又可以分为临场感晃动镜头和模糊光晕晃动镜头，前者可以增强画面的真实体验感，后者可以增加镜头的美感。晃镜头主要用于表现精神恍惚、头晕目眩、乘车船等摇晃的效果，例如，在视频画面中用来表现地震的场景。

3.4.9 复合镜头

复合镜头就是综合运动镜头，指在一个镜头中，将推、拉、摇、移、跟、升降等镜头运动方式结合起来进行拍摄，展现丰富多变的画面造型效果，它是视频画面造型的有力手段。

课后习题

1. 简述视频画面构图的要素与基本要求。
2. 简述在拍摄视频时常用的画面构图方式。
3. 简述视频拍摄中常见的运动镜头有哪些。
4. 试分析图 3-60 所示的视频画面采用了哪种构图方法。

图3-60 分析画面构图方法

第4章

单反相机拍摄方法

4

随着短视频越来越火爆，使用手机拍摄短视频已经无法满足专业创作人员的需求，而单反相机拥有强大的视频拍摄功能，因此越来越多的人开始使用单反相机进行高质感视频的拍摄。本章将引领读者学习使用单反相机拍摄视频的优势、单反相机的外部结构和镜头类型，以及使用单反相机拍摄视频的要点。

学习目标

- 了解使用单反相机拍摄视频的优势。
- 了解单反相机的外部结构。
- 了解单反相机的镜头类型。
- 掌握使用单反相机拍摄视频的要点。

4.1 使用单反相机拍摄视频的优势

很多人认为单反相机主要是用来摄影的，其拍摄视频短片的功能是附加的，肯定不如专业的摄像机，甚至不如高端手机。其实这种认识是错误的，单反相机具有非常强大的视频拍摄功能，与一般的摄像机和手机相比，在拍摄视频方面有其不可低估的优势。

（1）镜头群丰富。不同的镜头会产生不同的视觉效果，单反相机丰富的镜头群能够满足不同拍摄者的创作需求。例如，要拍摄宽阔的画面，可以用广角镜头；要拉近远距离的拍摄对象，可以用长焦镜头等。

（2）感光元件大。感光元件决定画面的质量，单反相机以其较大的感光元件使拍摄视频的画面能够反映出更多的细节，宽容度高，高光下和背光处的细节都能如实地反映出来，画面更加细腻，画质也更具观赏性。

（3）色彩表现力强。单反相机在色彩控制上的表现更为优秀，用其拍摄的视频不仅画面细腻，而且色彩逼真，这是一些摄像机和手机所难以达到的。

（4）虚化效果好。在拍摄视频时，有时为了突出被摄主体，需要对背景进行虚化，而单反相机的大光圈、长焦距等性能正好能够满足这一需求。

使用单反相机拍摄视频也存在一些短板，如不能连续拍摄、追焦不是很理想等。

4.2 认识单反相机

数码单反相机全称为数码单镜头反光相机，它采用了可更换镜头的设计，拥有完整的光学镜头群和配件群，而且成像质量高，开机速度和快门时滞短，深受广大摄影者的青睐。

➡ 4.2.1 单反相机的外部结构

单反相机是使用单镜头取景方式对景物进行拍摄的一种相机。摄影者使用位于相机背后的光学取景框进行取景，通过安装在相机前端的镜头所提供的视觉角度大小进行拍摄。目前市面上常见的单反相机品牌有佳能、尼康、索尼、奥林巴斯、宾得和富士等。

单反相机的外部结构由机身和镜头构成，机身由取景屏、内部元件、电源开关、存储、工作菜单、调控键钮、回放等构成，镜头包括各种类型的镜头。

下面以佳能 6D 单反相机为例，简要介绍单反相机的外部结构。

机身和镜头如图 4-1 所示。

机身正面结构如图 4-2 所示。

机身背面结构如图 4-3 所示。

机身顶部结构如图 4-4 所示。

机身底部结构如图 4-5 所示。机身左侧面结构如图 4-6 所示。

图4-1 机身和镜头

自拍指示器
快门按钮
遥控感应器
反光镜
手柄（电池仓）
景深预览按钮
镜头卡口

EF镜头安装标志
话筒
镜头释放按钮
镜头固定销
触点

图4-2　机身正面结构

取景器目镜
眼罩
信息按钮
菜单按钮
放大/缩小按钮
图像回放按钮
液晶监视器
速控转盘
删除按钮
方向键

屈光度调节旋钮
实时显示拍摄/短片拍摄按钮
自动对焦启动按钮
自动曝光锁/
闪光曝光锁按钮
自动对焦点
选择按钮
速控按钮
设置按钮
数据处理
指示灯
速控转盘锁释放按钮

图4-3　机身背面结构

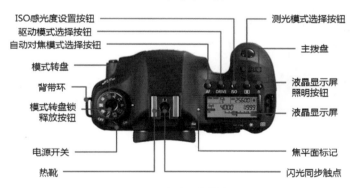

ISO感光度设置按钮
驱动模式选择按钮
自动对焦模式选择按钮
模式转盘
背带环
模式转盘锁
释放按钮
电源开关
热靴

测光模式选择按钮
主拨盘
液晶显示屏
照明按钮
液晶显示屏
焦平面标记
闪光同步触点

图4-4　机身顶部结构

电池仓盖　　三脚架接孔

图4-5　机身底部结构

背带环
存储卡插槽盖

图4-6　机身左侧面结构

机身右侧面结构如图 4-7 所示。

图4-7 机身右侧面结构

→ 4.2.2 单反相机的镜头类型

镜头是单反相机的重要组成部分，它的好坏直接影响拍摄的成像质量。单反相机镜头的外部结构如图 4-8 所示。镜头的类型和参数直接决定着拍摄画面的视觉效果。

在镜头参数中，焦距是指从镜头的光学中心到成像面（焦点）的距离，是镜头的重要性能指标。焦距越长，越能将远方的物体放大成像；焦距越短，越能拍摄更宽广的范围。图 4-9 所示采用单片镜片进行说明，但实际上镜头的中心点由多片镜片的结构决定。每个镜头都有自己的焦距，焦距的不同决定了景物成像大小的不同。

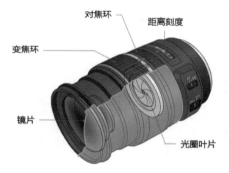

图4-8 镜头的外部结构

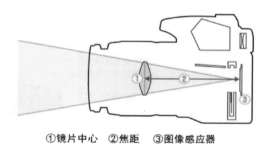

①镜片中心 ②焦距 ③图像感应器

图4-9 镜头焦距示意图

（1）根据单反相机镜头焦距的不同，可以将其分为标准镜头、广角镜头（短焦距镜头）和长焦镜头（望远镜头）。

● 标准镜头：与人眼视角大致相同的镜头（视角为 50° 左右）为标准镜头，如图 4-10 所示。标准镜头取景成像有三个特点：一是与人眼视觉感受相似，二是没有夸张变形，三是成像质量好。这类镜头适合拍摄视觉感正常的画面，因此在要求真实、正常的纪录类（新闻、资料）题材中用得较多，如图 4-11 所示。

图4-10 标准镜头

图4-11 标准镜头取景

对于单反相机说，标准镜头是否标准，取决于其使用的画幅尺寸。对于全画幅单反相机来说，50毫米左右的镜头被认定为标准镜头。

● **广角镜头（短焦距镜头）**：焦距短于标准镜头、视角大于标准镜头为广角镜头，如图4-12所示。常用的广角镜头焦距为9～38毫米，视角为60°～180°。其中，焦距在20毫米左右、视角在90°左右的为超广角镜头；焦距在10毫米左右、视角接近180°的为鱼眼镜头。

使用广角镜头拍摄的画面视野宽阔，空间纵深度大，可以展示强烈的立体感和空间效果，如图4-13所示。但是，广角镜头对被摄物体的成像具有较大的透视变形作用，会造成一定程度的扭曲失真，在使用时需要注意这个问题。

图4-12 广角镜头

图4-13 广角镜头取景

● **长焦镜头（望远镜头）**：长焦镜头视角在20°以内，焦距可达几十毫米甚至上百毫米，如图4-14所示。长焦镜头又分为普通远摄镜头和超远摄镜头，普通远摄镜头的焦距接近于标准镜头，而超远摄镜头的焦距远远大于标准镜头。

长焦镜头在成像上具有明显的望远放大特点，能够将远距离的拍摄对象拉近放大，获得清晰、醒目的影像，如图4-15所示。但是，使用长焦镜头拍摄的影像会存在一定程度的变形，它会将景物压缩在一起，减弱了景物原有的立体感和空间感。

图4-14 长焦镜头

图4-15 长焦镜头取景

（2）按照单反相机镜头的焦距是否可变，可以将其分为定焦镜头和变焦镜头。顾名思义，定焦镜头没有变焦功能，而变焦镜头可以在一定焦距范围内调节焦距。

● **定焦镜头**：指只有一个固定焦距的镜头，只有一个焦段，或者只有一个视野。定焦镜头没有变焦功能，其设计简单，对焦速度快，成像质量稳定。

定焦镜头的口径一般比变焦镜头大，因此可以制作更大光圈的配置，容易拍出浅景深的效果。因为拥有大光圈，在弱光环境下使用定焦镜头拍摄也能较好地吸收光线，不用担心快门速度不够而造成照片"糊掉"的问题。

定焦镜头的缺点是使用起来不太方便，当需要调整拍摄物体的大小时，只能通过拍摄者的移动来实现，在某些不适合移动的场合就无能为力了。图4-16所示分别为佳能35毫米定焦镜头、尼康50

毫米定焦镜头和适马 85 毫米定焦镜头。

- 变焦镜头：变焦镜头的焦距可以在较大的幅度内自由调节，这就意味着拍摄者在不改变拍摄距离的情况下可以通过变换焦距来改变拍摄范围，所以非常有利于画面构图。图 4-17 所示分别为适马 12-24 mm F4 DG HSM 变焦镜头、索尼 FE 28-70 mm F3.5-5.6 OSS 变焦镜头和尼克尔 70-200 mm f/2.8E FL ED VR 变焦镜头。

图4-16　定焦镜头　　　　　　　　　　　　　　图4-17　变焦镜头

变焦镜头的优点是一只变焦镜头可以替代若干只定焦镜头，携带方便、使用简便，在拍摄过程中既不必频繁地更换镜头，也不必为拍摄同一对象、不同景别的画面不停地更换拍摄位置。

变焦镜头的缺点是其口径通常较小，常会给拍摄带来一些麻烦，若想用高速快门、大光圈拍摄，往往不能满足需要。另外，一般变焦镜头大而笨重，容易造成持机不稳，而且在生产技术水平相同的前提下，变焦镜头的成像质量要比定焦镜头差。

4.3　使用单反相机拍摄视频的要点

使用单反相机拍摄视频其实很简单，自动挡配合出色的自动对焦系统，就可以拍出不俗的视频。但是，要想拍摄出更加专业的视频效果，还需要掌握一些关键要点，有时还需要为单反相机配置一些额外的附件。

➡ 4.3.1　设置视频录制格式和尺寸

这一步设置对单反相机拍摄视频十分重要，有很多没有经验的新手经常是一拿起相机就开始拍摄，拍摄完后发现拍摄出的视频尺寸不对，但此时可能没有重新拍摄的机会了，后期会造成很多不必要的麻烦和问题。

不同的单反相机，支持拍摄视频的质量是有所差别的，主要体现在视频的尺寸上，也就是我们常说的清晰度。就目前而言，佳能旗下所有支持视频拍摄的单反相机，均支持拍摄全高清视频。而其他品牌的单反相机，大部分则支持拍摄高清视频。在没有特殊要求的情况下，建议一般选择录制 1920×1080/25 帧 MOV 格式的高清视频即可，如图 4-18 所示。

图4-18　设置录制格式和尺寸

4.3.2　使用手动曝光模式

使用单反相机拍摄视频时，建议选择手动模式进行拍摄，也就是使用相机拨轮上的 M 档，如图 4-19 所示。使用手动曝光模式，可以准确地设定相机的拍摄参数，无论是快门、光圈，还是 ISO，都能直接参与到相机的参数设定中，从而精确地控制画面的曝光成像。

图4-19　使用M档手动曝光模式

4.3.3　设置快门速度

使用单反相机拍摄照片时，快门速度越慢，画面的运动模糊越明显；反之，快门速度越快，画面越清晰、锐利。但是，拍摄视频与拍摄照片的快门设置是不同的，为了保证视频画面播放更符合人眼视频画面的运动效果，一般将快门速度设置为拍摄帧率的 2 倍，即视频帧率设置为 25 帧 / 秒，则需要将快门速度数值设置为 50，如图 4-20 所示。

图4-20　设置快门速度

4.3.4　设置光圈

在使用单反相机拍摄视频时，光圈主要用于控制画面的亮度及背景虚化。光圈越大，画面越亮，背景虚化效果越强；反之，光圈越小，画面越暗，背景虚化效果越弱，如图 4-21 所示。

图4-21　背景虚化效果

需要注意的是，光圈值是用倒数表示的，数值越大，光圈越小。例如，f2.8 是大光圈，f11 是小光圈。但是，当光圈过小时会让画面变暗，这时需要用 ISO 感光度来配合使用。

4.3.5　设置感光度

ISO 感光度是可以协助控制画面亮度的一个变量，在光线充足的情况下，感光度设置得越低越好，如图 4-22 所示。即使在比较暗的光线环境下，感光度也不要设置得太高，因为过高的感光度会在画面中产生噪点，以致影响画质。特别是感光度大于 2000 以后，在相机屏幕上会看到很多噪点，从而严重影响视频画质。

图4-22　设置感光度

4.3.6　调节白平衡

　　单反相机的自动白平衡功能虽然在拍摄照片时用起来比较简便，但在拍摄视频时并非如此。由于拍摄视频时有较多的环境变化，使用自动白平衡功能会直接导致所拍摄的各个视频片段画面颜色不一，画面效果出入很大。

图4-23　调节白平衡

　　因此，在使用单反相机拍摄视频时，需要将白平衡调节为手动，即手动调节色温值（K 值），如图 4-23 所示。色温可以控制画面的色调冷暖，色温值越高，画面的颜色越偏黄色；反之，色温值越低，画面的颜色越偏蓝色。一般情况下，将色温调节到 4900 ～ 5300K，这是一个中性值，适合大部分拍摄题材。

4.3.7　使用手动对焦

　　单反相机在实时取景时的自动对焦能力较弱，在拍摄视频的过程中，如果自动对焦过程中出现了一些失误，那么这个镜头就不能使用了。单反相机的自动对焦会影响画面的曝光，所以一定要学会在手动对焦模式下拍摄视频，如图 4-24 所示。

4.3.8　保持画面稳定

图4-24　设置手动对焦

　　通常情况下，使用单反相机拍摄视频需要借助三脚架或手持稳定云台来获得清晰、稳定的画面效果。在选择稳定器时，拍摄者要考虑稳定器的跟焦性能，现在的稳定器都有跟焦轮，但不同品牌的稳定器对单反相机的支持是不一样的，有些稳定器可以直接控制机身内部的电子跟焦。此外，稳定器的调平也很重要，精准的调平可以保证画面保持水平且稳定。

　　如果想手持单反相机拍摄视频，应尽量选择支持 IS 光学防抖的镜头搭配使用，并且建议使用广角镜头来拍摄，因为长焦镜头会放大手抖所带来的影响，而广角镜头则不是那么明显。

➡ 4.3.9　提高录音质量

使用单反相机拍摄视频时，收声是非常重要的，因为声音也是视频的重要组成部分。单反相机虽然都自带话筒，但要想获得更好的音质效果，需要使用可以安装在热靴上的话筒进行收声。

若需要录制人声，可以使用具有指向性的话筒，配合相机的手动录音电平功能，这样可以大幅提升视频的录音质量。若对录音的实时监听有较高的要求，可以使用带有耳机监听接口的机型，如佳能的 5D4 和 EOS R，这样能通过耳机实时监听录音效果。

课后习题

1. 简述使用单反相机拍摄视频的优势。
2. 简述使用单反相机拍摄视频的要点。

第5章

5 手机拍摄方法

网络视频之所以吸引人，除了其精彩的内容外，还有其可以媲美电影大片的呈现效果，这也是深受大众欢迎的重要原因之一。对于不是专业人士的普通人来讲，如果只有一部手机，怎样用手机拍出具有电影大片效果的视频呢？本章将详细介绍如何使用手机进行视频的拍摄。

学习目标

- 掌握使用手机拍摄视频的要点。
- 掌握使用手机拍摄视频的方法。
- 掌握使用视频拍摄App拍摄视频的方法。

5.1　使用手机拍摄视频的要点

使用手机拍摄视频时，要想获得比较理想的拍摄效果，拍摄时需要注意以下要点。

1. 画面稳定

若视频画面出现较大的抖动，会大大降低画面质量，可以采用以下方法保持拍摄画面的稳定。

（1）拍摄固定的画面时，可以选用固定机位，使用三脚架进行拍摄。

（2）拍摄走动的画面时，手持手机时最好将手尽量贴近身体，手肘与身体形成90度，移动脚步时双脚交叉缓慢移动，也可以将身体前倾或后仰进行拍摄。此外，还可以选择使用稳定器来辅助拍摄，以达到画面的稳定。

2. 合理构图

构图是表现视频作品内容的重要形式之一。一幅比较完美的视频构图，需要做到两点：一是要让画面看起来整洁、流畅，应避免杂乱的背景；二是要具有良好的色彩平衡性，画面要有较强的层次感，确保被摄主体能够从全部背景中突显出来。

视频拍摄的构图规则与静态摄影的构图规则十分类似，不仅要突出被摄主体的位置，还要讲究整体画面的协调性，强调画面中各种物体之间内在联系。

3. 善于用光

没有光线，便没有影像。光线不仅是拍摄视频时获得影像的一种物质条件，也是塑造和刻画艺术形象的表现手段。在拍摄视频时，拍摄者通过光线的处理，并配合其他造型手段，不仅能够真实地表现人或物的外部特征，还可以通过光线的处理真实地再现一切物像的质感。如果不善于用光，那么拍出来的视频画面很可能既没有影调、又缺乏美感，画面质感也不强，导致视频画面的表现力和整体效果欠佳。

4. 多景别 / 角度拍摄

由许多短片段剪辑而成的视频往往能够提高观看的趣味性，所以在进行视频拍摄时，可以从多个角度来拍摄同一个场景，特写、中景、全景皆可，或者通过重复拍摄同一个运动状态，从多个角度进行展现。交替地使用各种不同的景别，可以使视频的叙述、人物思想感情的表达、人物关系的处理更加具有表现力。因此，不管拍摄主题是什么，都要思考需要运用怎样的镜头来丰富视频的主画面和故事。

5. 镜头衔接转场

炫酷的转场效果可以让视频更有画面感，让人眼前一亮。拍摄者通过一些前期的手机拍摄运镜技巧，可以制作出流畅的衔接转场效果，如同方向转场、旋转镜头转场、前景遮挡转场、上下翻动镜头转场、甩动镜头转场等。

6. 提高收音质量

使用手机自带的话筒录制声音，人声和环境音会同时被收录，这时人声就会显得较弱，容易和环境音混为一体。若想提高收音质量，最简单的办法就是加一个机头话筒，也就是指向性话筒，它只会收录话筒所指方向的声音，这样会在一定程度上削弱环境音的收录，从而提高人声的收音质量。

7. 做好拍摄计划

在进行视频拍摄之前，应提前做好拍摄计划，先在大脑中把所有的镜头都过一遍。在有限的时间内，尽可能把所有事项都计划好，如拍摄的用时、镜头的角度、运镜的方式、时间、地点、帧率等，这样会大大提高前期拍摄以及后期剪辑的工作效率。

5.2 使用手机拍摄视频

现在智能手机的拍摄功能已经十分强大，使用手机能够轻轻松松地拍摄出精彩的视频作品。下面将分别介绍如何使用苹果系统手机和安卓系统手机拍摄视频。

→ 5.2.1 使用苹果系统手机拍摄视频

苹果系统手机的视频录制功能有着优秀的处理器算法，不仅可以录制 60 帧 / 秒的 1080p 高清视频，还可以录制 240 帧 / 秒的慢动作视频与延时摄影视频。下面以 iPhone 8 手机为例，介绍使用苹果系统手机拍摄视频的方法。

1. 设置相机并录制视频

在使用 iPhone 手机录制视频前，需要先对"相机"应用进行录制设置，然后打开相机进行视频录制，具体操作方法如下。

步骤 01 在 iPhone 手机屏幕上点击"设置"按钮，进入"设置"界面，点击"相机"选项，如图 5-1 所示。

图5-2 点击"录制视频"选项

步骤 03 在打开的界面中选择所需的帧速率和视频分辨率，然后点击左上方的"相机"按钮，如图 5-3 所示，返回"相机"界面。

图5-3 设置录制参数

图5-1 点击"相机"选项

步骤 02 进入"相机"界面，点击"录制视频"选项，如图 5-2 所示。

步骤 04 在"相机"界面中点击"录制慢动作视频"选项，在打开的界面中选择录制慢动作视频的帧速率，如图 5-4 所示。

图5-4　选择帧速率

步骤05　返回"相机"界面，打开"网格"选项，如图5-5所示，以便在相机拍摄界面显示九宫格来辅助构图。

图5-5　打开"网格"选项

步骤06　向上滑动手机屏幕，打开控制中心界面，点击"相机"按钮◎，如图5-6所示。在拍摄前，可以将屏幕亮度调至合适的大小。若要录制手机屏幕视频，可以点击"屏幕录制"按钮◉。

步骤07　打开手机相机，左右滑动拍摄界面，切换到"视频"选项。在拍摄画面中点击拍摄主体，就会自动测光，并自动调整对焦和曝光，如图5-7所示。拖动对焦框旁边的☀图标，可以手动调整曝光。

图5-6　点击"相机"按钮

图5-7　自动调整曝光

步骤08　默认情况下，手机会根据拍摄环境进行自动对焦或曝光，这样会受到环境的影响而使画面不稳定，可能出现反复识别、实焦虚焦连续变换、不同主体连续曝光的情况，此时需要将焦点和曝光锁定进行拍摄。在拍摄界面中轻点想要聚焦到的对象或区域（这会暂时关闭面孔检测功能），然后触碰并按住对焦框，直到矩形跳动，显示"自动曝光／自动对焦锁定"字样，点击"录制"按钮◉，如图5-8所示。

图5-8 锁定自动曝光和对焦

步骤09 此时，开始录制视频，如图5-9所示。在录制过程中，点击白色快门按钮◉，可以快速拍摄静态照片。在屏幕上两指捏合或放大，可以对拍摄画面进行缩放。拍摄完成后，点击"停止录制"按钮◉。

图5-9 开始录制视频

2. 慢动作拍摄

在生活中，很多精彩的瞬间往往稍纵即逝，还没来得及回味却已从镜头中消失，这时可以通过慢动作拍摄来记录稍纵即逝的精彩瞬间。下面将介绍如何使用苹果系统手机拍摄视觉冲击力较强的慢动作视频，具体操作方法如下。

步骤01 打开手机相机拍摄界面，在下方选择"慢动作"选项，锁定曝光和对焦，如图5-10所示。点击下方的"录制"按钮◉，开始拍摄慢动作视频。

图5-10 锁定曝光和对焦

步骤02 录制完成后，在手机相册中打开视频，即可看到视频以慢动作的方式进行呈现，点击右上方的"编辑"按钮，如图5-11所示。

图5-11 点击"编辑"按钮

步骤03 进入视频编辑界面，在下方可以看到密集排列的小竖线，密集的区域为正常速度，不太密集的区域为慢动作的范围。拖动慢动作范围两侧的把手，调整慢动作范围，如图5-12所示。

图5-12 调整慢动作范围

步骤04 拖动视频条两端的滑块修剪视频，如图 5-13 所示。

图5-13 修剪视频

步骤05 在下方点击■按钮，在打开的选项中可以对视频进行曝光、高光、阴影、对比度、亮度、黑点、饱和度、自然饱和度、色温等参数的调整。点击"自动"按钮，可以自动改善视频质量，如图 5-14 所示。

步骤06 点击"锐度"按钮，拖动下方的竖线对锐度进行调整，点击视频画面可以查看原片效果进行对比，如图 5-15 所示。

图5-14 自动调整视频质量

图5-15 调整锐度

步骤07 在下方点击"滤镜"按钮，选择要应用的滤镜效果，如图 5-16 所示。

步骤08 在下方点击"裁剪"按钮，拖动裁剪框的边角裁剪视频尺寸，如图 5-17 所示。点击下方的 3 个按钮，还可以对视频画面进行旋转与校正。

步骤09 视频编辑完成后，点击右下方的"完成"按钮，在弹出的选项中点击"将视频存储为新剪辑"按钮即可，如图 5-18 所示。

图5-16 应用滤镜效果

图5-17 裁剪视频

图5-18 保存视频

3. 延迟摄影拍摄

延迟摄影是一种将时间压缩的拍摄技术，

就是拍摄一组照片或视频，并通过照片串联或视频抽针，把几分钟、几个小时甚至更长时间的过程压缩在一个较短的时间内，以视频的方式进行播放。

使用手机进行延迟摄影拍摄时，需要进行以下准备。

（1）准备手机三脚架固定手机，保证拍摄画面稳定不变。

（2）保证手机电量和存储空间充足。

（3）打开手机的飞行模式和勿扰模式，如图5-19所示，防止来电和消息干扰。

图5-19 开启飞行模式和勿扰模式

（4）打开手机相机，在下方选择"延时摄影"选项，在拍摄画面中锁定曝光和对焦，如图5-20所示。

图5-20 锁定曝光和对焦

（5）选择动静结合的拍摄场景，如花开、白昼转黑夜、十字路口/车站的车流等。一切准备就绪后，就可以点击"拍摄"按钮 进行拍摄了。

→ 5.2.2 使用安卓系统手机拍摄视频

安卓系统手机的主流品牌是华为、OPPO、vivo 和小米等，每个品牌的手机相机功能各有不同。下面以华为手机为例，介绍如何使用安卓系统手机拍摄视频。

1. 使用相机录制视频

使用华为手机进行视频录制的具体操作方法如下。

步骤 01 打开手机相机功能，进入拍摄界面，在下方选择"录像"选项，切换到视频录制模式。在屏幕上点击拍摄主体，进行自动对焦和曝光，如图 5-21 所示，然后点击"美颜"按钮 。

图5-22　关闭美颜

图5-21　自动对焦和曝光

步骤 02 调整美颜级别为 0，然后点击右上方的"设置"按钮 ，如图 5-22 所示。

步骤 03 进入视频设置界面，打开"参考线"选项，点击"分辨率"选项，如图 5-23 所示。

步骤 04 在打开的界面中选择视频分辨率，然后点击左上方的"返回"按钮 ，如图 5-24 所示。

图5-23　点击"分辨率"选项

图5-24　设置视频分辨率

步骤05 返回视频拍摄界面，点击拍摄主体并长按对焦框，锁定曝光和对焦，然后点击下方的"录制"按钮◉，开始录制视频，如图5-25所示。

图5-25　开始录制视频

步骤06 在拍摄界面上方点击"滤镜"按钮▦，选择所需的滤镜，如图5-26所示。此时，即可为视频应用滤镜效果。

图5-26　选择滤镜

2. 使用大光圈模式录制视频

使用大光圈模式录制视频，可以虚化背景、突显主体，具体操作方法如下。

步骤01 打开手机相机界面，在下方选择"大光圈"选项，切换到"大光圈"模式，然后在下方点击"录像"按钮◻，如图5-27所示。

图5-27　点击"录像"按钮

步骤02 切换到录像模式，点击"光圈"按钮◉，左右拖动滑块调整光圈值，如图5-28所示，光圈越小，背景就越模糊。

图5-28　调整光圈大小

步骤03 光圈调整完成后，点击下方的"录制"按钮◉，开始录制视频，如图5-29所示。在录制过程中，可以点击屏幕重新对焦被摄对象。

图5-29 开始录制视频

3. 使用专业模式

在华为手机相机界面中使用专业模式录像，可以手动设置测光、ISO、曝光补偿、对焦方式、白平衡等参数，具体操作方法如下。

步骤01 打开华为手机相机界面，切换到"专业"模式。点击"录像"按钮▣，切换到录像模式。点击"测光方式"按钮▣，如图5-30所示，在打开的选项中可以选择矩阵测光、中央重点测光和点测光方式。

图5-30 设置测光方式

步骤02 点击"ISO"按钮▣▣▣，在打开的选项中拖动滑块调整感光度，如图5-31所示。

图5-31 调整感光度

步骤03 点击"曝光补偿"按钮▣▣，在打开的选项中拖动滑块增加或减少曝光，如图5-32所示。调整完成后，长按"曝光补偿"按钮▣▣锁定曝光。

图5-32 调整曝光补偿

步骤04 点击"对焦方式"按钮▣▣，在打开的选项中可以选择单次自动对焦（AF-S）、连续自动对焦（AF-C）和手动对焦（MF）。在此选择AF-C，在画面中点击进行对焦，长按 **AF** 按钮可以锁定焦点，如图 5-33 所示。

图5-33 设置对焦方式

步骤 05 点击"白平衡"按钮 **WB**，在打开的选项中选择白平衡模式 ☀，如图 5-34 所示。

图5-34 设置白平衡

步骤 06 若选择 🖐 模式，则可以手动调整色温，点击"录制"按钮 ◉，开始录制视频，如图 5-35 所示。在"专业"模式下，点击右上方的 ◉ 按钮，可以查看专业模式参数介绍。

图5-35 开始录制视频

4. 慢动作拍摄

使用华为手机相机功能拍摄慢动作视频的具体操作方法如下。

步骤 01 打开华为手机相机界面，在下方选择"更多"选项，在打开的界面中点击"慢动作"按钮 ◉，如图 5-36 所示。

图5-36 点击"慢动作"按钮

步骤 02 切换到"慢动作"拍摄模式，调整慢动作速率，然后点击 ◉ 按钮，关闭慢动作检测，如图 5-37 所示。

步骤 03 点击下方的"录制"按钮 ◉，将运动的物体置于拍摄画面中，如人物走路画面，移动镜头跟随人物的步伐，开始录制慢动作视频，如图 5-38 所示。

图5-37 调整慢动作速率

图5-39 点击"播放"按钮

图5-38 开始录制慢动作视频

步骤 04 慢动作视频录制完成后，打开手机相册，找到录制的视频，点击"播放"按钮▶️，如图 5-39 所示。

步骤 05 开始播放慢动作视频，在视频条上拖动慢动作范围两侧的调整柄，调整慢动作范围，然后点击右上方的⋮按钮，如图 5-40 所示。

步骤 06 在打开的界面中选择"慢动作另存"选项，即可保存慢动作视频，如图 5-41 所示。

图5-40 调整慢动作范围

图5-41 点击"慢动作另存"选项

5.3 使用视频拍摄App拍摄视频

　　除了使用手机自带的录像功能拍摄视频外，我们还可以使用功能强大的视频拍摄 App 拍摄与编辑极具创意的视频作品。下面将简要介绍常用的视频拍摄 App，并以美拍为例讲解如何使用视频拍摄 App 进行视频的拍摄与编辑。

→ 5.3.1 常用的视频拍摄App

　　目前，视频拍摄 App 有很多，如抖音、快手、美拍、微视、秒拍、VUE Vlog 和猫饼（见图 5-42）等，它们的功能强大，操作简便，利用这些视频拍摄 App 可以轻松拍摄出颇具创意的视频作品。

| 抖音 | 快手 | 美拍 | 微视 | 秒拍 | VUE Vlog | 猫饼 |

图5-42　常用的视频拍摄App

（1）抖音

　　抖音是一款可以拍摄音乐创意短视频并带有社交分享平台的 App，于 2016 年 9 月上线，定位于年轻人的音乐短视频社区，用户可以通过这款 App 选择歌曲，拍摄音乐短视频，设置滤镜、场景切换等效果，形成自己的作品并上传发布。

（2）快手

　　如果说抖音的定位是年轻人，那么快手的用户定位则是"社会平均人"。快手是一个普通人的短视频分享平台，也是一个充满奇趣和民间高手的地方，内容覆盖生活的方方面面，用户遍布全国各地。快手为每一个热爱记录和分享生活并有传播需求的人创造一个自由的展现舞台，用机器学习的方式自主帮助每一个人找到自己喜欢的内容，找到自己喜欢的人。

　　在快手上，用户可以用照片和短视频记录自己的生活点滴，也可以通过直播与粉丝实时互动。

（3）美拍

　　美拍是美图秀秀旗下的一款自拍视频神器，美拍超酷炫的 MV 和魔法自拍特效称霸朋友圈，全傻瓜式操作，让小白用户也可以将短视频拍摄出大片级 MV 效果；此外还可以使用自动配乐、智能剪辑、顶级滤镜功能，将普通视频变身为震撼大片。

（4）微视

　　微视是腾讯旗下的短视频创作与分享平台，用户可以通过 QQ 号或微信账号进行登录，将拍摄的视频同步分享到 QQ 好友、微信好友、朋友圈、QQ 空间、微博等。微视推出了三大首创功能：视频跟拍、歌词字幕和一键美型，并打通了 QQ 音乐千万正版曲库，进行全面的品牌及产品升级。

（5）秒拍

　　秒拍是主流的短视频平台之一，它借助微博的影响力在短视频领域风生水起。秒拍与微博的深度联系体现在发布界面，开启"新浪微博"选项，可以使拍摄的视频同步发布到新浪微博。秒拍不仅是一款短视频拍摄工具，也是短视频分享社区，每天都有各种类型的趣味视频在秒拍上进行分享。

（6）VUE Vlog

　　VUE Vlog 是 iOS 和 Android 平台上的一款手机视频拍摄与美化工具，它能让用户通过简便的操作实现 Vlog 的拍摄、剪辑、细调和发布。VUE Vlog 拥有大片质感的滤镜，自然的美颜效果，丰富且有趣的贴纸、音乐和字体素材等，能够帮助用户制作出高质量的 Vlog。

（7）猫饼

猫饼是一款功能强大的 Vlog 视频日志 App，用户可以在该 App 上创建自己的短视频内容。它具有滤镜、音乐、一键循环、字幕动画、八挡变速、后期录音等编辑功能，同时还具有原创社区功能，在社区中提供了优质的视频编辑模板，让用户制作短视频时更容易上手。

→ 5.3.2 使用美拍App拍摄视频

下面以美拍 App 为例，介绍如何使用视频拍摄 App 来拍摄与编辑视频。美拍提供了精致美颜、萌系道具、品质滤镜等拍摄功能，而且可以制作拼图视频，应用各类模板，一键生成节奏感很强的视频作品。

1. 拍摄并保存视频

使用美拍 App 拍摄并保存视频的具体操作方法如下。

步骤 01 进入拍摄界面。在上方点击"设置"按钮◎，点击"防抖"按钮▣，打开防抖功能，如图 5-43 所示。在下方选择"导入"选项，可以添加相册中的视频进行编辑。

图5-43 点击"防抖"按钮

步骤 02 点击"滤镜"按钮▣，在打开的界面中选择所需的滤镜效果，如图 5-44 所示。

图5-44 选择滤镜效果

步骤 03 点击下方的"拍摄"按钮◎，开始拍摄视频。根据需要拍摄多个片段，点击▣按钮可以回删。拍摄完毕后，点击"完成"按钮☑，如图 5-45 所示。

图5-45 开始拍摄视频

步骤 04 进入视频编辑界面，若暂时不进行编辑，可以点击右上方的"下一步"按钮，如图 5-46 所示。

图5-46 点击"下一步"按钮

步骤 05 进入"发布"界面，点击下方的"存草稿"按钮，在弹出的提示信息框中点击"返回首页"按钮，如图 5-47 所示。

图5-47 保存草稿

步骤 06 在下方点击"我"按钮，然后点击"草稿箱"按钮，如图 5-48 所示，即可查看保存的草稿。

图5-48 点击"草稿箱"按钮

2. 编辑视频

使用美拍 App 可以对拍摄的视频进行剪辑、变速、添加片头、边框、特效等处理，具体操作方法如下。

步骤 01 打开草稿箱，选择要编辑的视频，然后点击"编辑"按钮，如图 5-49 所示。

图5-49 点击"编辑"按钮

步骤 02 进入视频编辑界面，在下方点击"剪辑"按钮 ✂，在打开的界面中点击视频片段，然后拖动两端的裁剪按钮对视频片段进行修剪，如图 5-50 所示。剪辑完成后，点击右上方的"完成"按钮。在剪辑视频时，长按视频片段并拖动可以调整其顺序。

图5-50 剪辑视频

步骤 03 在视频编辑界面中点击"变速"按钮 ⏱，在打开的界面中拖动滑块调整速度，然后点击"完成"按钮，如图 5-51 所示。

图5-51 调整播放速度

步骤 04 在视频编辑界面中点击"片头"按钮 ⊡，在打开的界面中选择片头模板，并编辑片头文字，然后点击 ✓ 按钮，如图 5-52 所示。

图5-52 选择片头模板

步骤 05 在视频编辑界面中点击"边框"按钮 ▣，在打开的界面中设置，然后点击 ✓ 按钮，如图 5-53 所示。

图5-53 设置画布边框

步骤 06 在视频编辑界面中点击"涂鸦"按钮 ✍，在打开的界面中选择所需的贴纸，然后在视频界面中拖动手指，即可应用贴纸效果，移开手指停止应用贴纸效果，如图 5-54 所示。添加贴纸完成后，点击右上方的 ✓ 按钮。

图5-54　添加贴纸

步骤07　在视频编辑界面中点击"特效"按钮 ，在打开的界面中将时间线拖至两段视频之间，然后在下方选择所需的转场特效，点击右上方的"完成"按钮 ✓，如图 5-55 所示。

图5-55　添加转场特效

步骤08　在视频编辑界面中点击"音量"按钮 ，在打开的界面中调整"原声"音量为0，然后点击"完成"按钮，如图5-56所示。

图5-56　关闭原声

步骤09　视频编辑完成后，点击右上方的"下一步"按钮，在打开的界面中输入标题，选择视频封面，然后点击"发布"按钮，如图 5-57所示。

图5-57　发布视频

步骤10　作品发布成功，还可以将视频分享到朋友圈、微信好友、QQ 空间、QQ 好友、微博等。

步骤11　点击"生成海报"按钮，如图5-58所示。此时，即可生成视频海报。在海报下方会显示二维码，扫码即可观看视频，如图5-59所示。点击"保存"按钮，将海报保存到手机相册。

图5-58 点击"生成海报"按钮

图5-59 生成海报

步骤12 返回美拍首页，在"我"界面中点击头像下的"美拍"按钮，即可看到发布的视频。点击视频，即可进行观看。点击右上方的 按钮，在打开的界面中可以对视频进行删除、收藏、转发、置顶、保存等操作，如图 5-60 所示。

图5-60 管理视频

3. 使用道具与美化

美拍 App 还提供了丰富的拍摄道具和强大的人像美化功能，在进行短视频拍摄前进行设置，具体操作方法如下。

步骤01 打开美拍 App，点击下方的"拍摄"按钮 ，进入拍摄界面。在拍摄界面中点击"拍摄"按钮左侧的"道具"按钮 ，在上方选择"边框"分类，选择所需的边框道具，效果如图 5-61 所示。

图5-61 应用边框道具

步骤 02 选择所需的妆容道具，如图 5-62 所示，查看道具效果。

图5-62 应用妆容道具

步骤 03 点击拍摄按钮右侧的"美化"按钮，在打开的界面中可以对人物进行美颜、风格妆、美体等设置，如图 5-63 所示。

图5-63 美化人像

课后习题

一、简答题

1. 简述使用手机拍摄视频的要点。
2. 使用手机拍摄视频需要进行哪些设置？

二、实操训练题

1. 使用手机拍摄一组慢动作视频。
2. 使用美拍 App 拍摄一组短视频并编辑。

第6章

PC端视频后期编辑

　　使用视频编辑工具可以对拍摄的视频进行后期处理，使其形成一个完整的视频作品。视频后期编辑主要包括视频剪辑、添加特效、添加字幕、视频调色、音频编辑等，本章将介绍常用的PC端视频编辑工具，以及使用Premiere进行视频后期处理的方法与技巧。

6

学习目标

- 了解常用的PC端视频编辑工具。
- 掌握使用Premiere软件编辑视频的基本流程。
- 掌握使用Premiere软件进行视频剪辑的方法。
- 掌握制作视频片头和片尾的方法。
- 掌握为视频快速添加字幕的方法。
- 掌握视频调色的方法。
- 掌握音频的录制与编辑方法。

6.1 常用PC端视频编辑工具

借助各类视频后期编辑工具，用户能够轻松地实现视频的合并与剪辑、添加音频、添加特效等操作。下面将简要介绍 5 款常用的 PC 端视频编辑工具，分别为 Premiere、After Effects、Edius、会声会影和爱剪辑，如图 6-1 所示。

Premiere   After Effects   Edius   会声会影   爱剪辑

图6-1 常用的PC端视频编辑工具

1. Premiere

Premiere 是由 Adobe 公司开发的一款非线性视频编辑软件，它在影视后期制作、广告制作、电视节目制作等领域有着广泛的应用，同样在网络视频编辑与制作领域也是非常重要的工具。Premiere 具有强大的视频编辑能力，易学且高效，可以充分发挥用户的创造能力和创作自由度。

2. After Effects

After Effects 是 Adobe 公司推出的一款图形视频处理软件，可以帮助用户高效且精确地创建引人注目的动态图形和令人震撼的视觉效果。利用与其他 Adobe 软件的紧密集成和高度灵活的 2D 和 3D 合成，以及数百种预设的效果和动画，After Effects 可以为视频作品增添令人耳目一新的效果，主要应用于 Motion Graphic（动态影像）设计、媒体包装和 VFX（视觉特效）。

3. Edius

Edius 是一款出色的非线性编辑软件，专为满足广播电视和后期制作环境的需要而设计。它提供了实时、多轨道、多格式混编、合成、色键、字幕和时间线输出功能，让用户可以使用任何视频标准，视频甚至能够达到 1080p 或 4K 数字电影的分辨率。同时，Edius 支持所有主流编解码器的源码编辑，甚至当不同的编码格式在时间线上混编时都无须转码。

4. 会声会影

会声会影是一款功能强大的视频处理软件，具有图像抓取和编修功能，可以抓取、转换 MV、DV、V8、TV 和实时记录抓取画面文件，并提供了 100 多种的编制功能与效果。它拥有上百种滤镜、转场特效及标题样式，其操作简单且功能全面，能够让用户快速上手，适合视频编辑初学者使用。

5. 爱剪辑

爱剪辑是一款简单实用、功能强大的视频剪辑软件。它可以根据用户的需求自由地拼接和剪辑视频，其创新的人性化界面是根据国人的使用习惯、功能需求与审美特点进行设计的。爱剪辑支持为视频添加字幕、调色、添加相框等齐全的剪辑功能，具有诸多创新功能和影院级特效。

6.2 Premiere视频制作基本流程

Premiere是目前最常用的PC端视频后期编辑工具之一。下面以制作一个旅游产品的轮播广告视频为例，详细介绍使用Premiere进行视频制作的基本流程。

6.2.1 新建项目并创建序列

在使用Premiere进行视频编辑前，需要先创建项目文件。项目文件不会存储视频、音频或图像，只是存储对这些文件的引用。若要编辑视频，还需在项目文件中创建序列，具体操作方法如下。

新建项目并创建序列

步骤01 启动Premiere CC 2018，单击"文件"|"新建"|"项目"命令，在弹出的"新建项目"对话框中单击"浏览"按钮，设置项目保存位置，输入项目名称，如图6-2所示，然后单击"确定"按钮。

图6-2 新建项目

步骤02 在"项目"面板中双击或按【Ctrl+I】组合键，弹出"导入"对话框，选中要导入的图片和音频素材，然后单击"打开"按钮，如图6-3所示。

步骤03 在"项目"面板的右下方单击"新建项"按钮，在弹出的列表中选择"序列"选项，如图6-4所示。

图6-3 导入素材

图6-4 新建序列

步骤04 在弹出的"新建序列"对话框中选择"HDV 720p25"选项，输入序列名称，在右侧可以查看该预设选项的描述信息（即视频大小为1280像素×720像素，帧速率为25帧/秒），如图6-5所示。单击"确定"按钮，即可创建序列，并在时间轴面板中打开。

图6-5 选择序列预设

步骤05 在"项目"面板中选中所有的图片素材，并用鼠标右键单击所选素材，在弹出的快捷菜单中选择"速度/持续时间"命令，如图6-6所示。

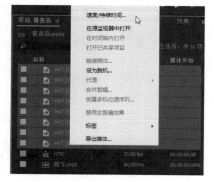

图6-6 选择"速度/持续时间"命令

步骤06 在弹出的"剪辑速度/持续时间"对话框中设置"持续时间"为5秒，然后单击"确定"按钮，如图6-7所示。

图6-7 设置持续时间

步骤07 将所选图片素材拖至时间轴面板的序列中，即可创建40秒时长的视频，如图6-8所示。

图6-8 在序列中添加图片素材

步骤08 在"项目"面板或时间轴面板中双击素材，可以在源监视器中预览该素材。而节目监视器用于监视时间轴面板中的序列（即视频的最终效果），可以看到时间轴面板中的图片素材被裁剪了，如图6-9所示。

步骤09 在时间轴面板中选择所有图片素材并用鼠标右键单击，在弹出的快捷菜单中选择"缩放为帧大小"命令，如图6-10所示。

图6-9 预览视频效果

图6-10 选择"缩放为帧大小"命令

步骤10 此时，即可根据视频大小自动调整素材大小，如图6-11所示。由于图片大小比例与视频大小比例不同，在节目监视器中会看到图片外有黑边。

图6-11 自动调整素材大小

6.2.2 为视频添加运动效果和转场效果

在Premiere中，可以通过为运动属性设置关键帧使静态的图像产生移动、缩放、旋转等运动

为视频添加运动效果和转场效果

效果，使用视频过渡效果为镜头场景的切换添加转场效果，具体操作方法如下。

步骤 01　在工具面板中选择"选择工具" ，在时间轴面板中选择第1个图片素材，然后选择"效果控件"面板，设置缩放值，使图片占满视频画面，如图6-12所示。

图6-12　设置缩放值

步骤 02　若要调整图片的播放顺序，可以在时间轴面板中按住【Ctrl】键的同时拖动图片素材。例如，按住【Ctrl】键的同时向左拖动第8个图片素材，如图6-13所示。

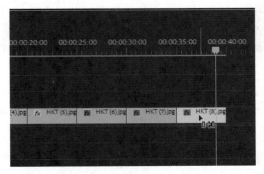

图6-13　调整图片的播放顺序

步骤 03　在时间轴面板中选择第1个图片素材，在"效果控件"面板中单击"位置"和"缩放"选项左侧的"切换动画"按钮 ，添加关键帧动画，如图6-14所示。若要删除关键帧动画，可以将其选中后按【Delete】键；若要关闭关键帧动画，可以再次单击"切换动画"按钮 。

图6-14　添加关键帧动画

步骤 04　将时间线定位到4秒24帧，可以在左下方的时间码上单击，然后输入424并按【Enter】键确认，并分别设置"位置"和"缩放"参数，修改的参数会被自动记录到新的关键帧中，如图6-15所示。

图6-15　设置参数

步骤 05　在时间轴面板中选中第1个图片素材，按【Ctrl+C】组合键进行复制，然后选中其他图片素材并用鼠标右键单击，在弹出的快捷菜单中选择"粘贴属性"命令，如图6-16所示。

图6-16　选择"粘贴属性"命令

步骤 06　在弹出的"粘贴属性"对话框中设置要应用的视频属性，如图6-17所示，然后单击"确定"按钮。

图6-17　设置视频属性

步骤 07　若要为所有的图片素材快速应用同样的过渡效果，可以在"效果"面板中找到所需的过渡效果，如"交叉溶解"，然后用鼠标右键单击该过渡效果，在弹出的快捷菜单中选择"将所选过渡设置为默认过渡"命令，如图6-18所示。

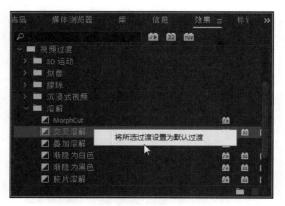

图6-18 设置默认过渡

步骤08 在时间轴面板中选中要应用默认过渡的素材，在菜单栏中单击"序列"|"应用默认过渡到选择项"命令或者按【Shift+D】组合键，即可为所选图片素材应用"交叉溶解"过渡效果，如图 6-19 所示。

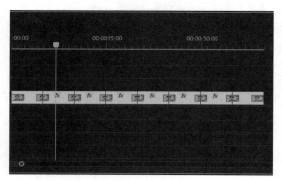

图6-19 应用默认过渡

步骤09 按住【Shift】键的同时在时间轴面板中依次选择过渡效果，然后按【Delete】键进行删除。在时间轴面板中按住【Alt】键滚动鼠标滚轮，放大时间轴的显示，将第2个图片素材拖至"视频2"轨道上，并在"效果"面板中将"交叉划像"过渡效果拖至该素材的入点位置，如图 6-20 所示。

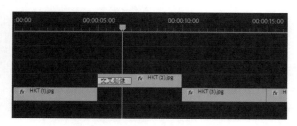

图6-20 添加"交叉划像"过渡效果

步骤10 使用"选择工具"修剪过渡效果的持续时间为1秒，然后修剪第1个图片素材的出点到过渡效果的终点位置，如图6-21所示。

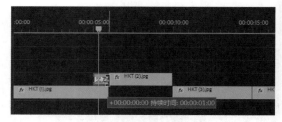

图6-21 调整过渡持续时间

步骤11 在时间轴面板中选中第1个图片素材，在"效果控件"面板中选中"位置"和"缩放"的第2个关键帧，并将其拖至最右侧，如图6-22所示。

图6-22 调整关键帧

步骤12 采用同样的方法将第3个图片素材拖至"视频3"轨道上，并添加"圆划像"过渡效果，然后选中该过渡效果，如图6-23所示。

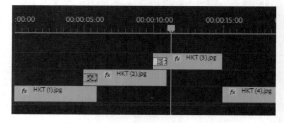

图6-23 添加"圆划像"过渡效果

步骤13 在"效果控件"面板中设置过渡效果，选中"显示实际源"复选框，显示预览图，拖动预览图中的小圆形，调整过渡中心的位置。拖动预览图下方的圆形滑块，设置过渡在起点和终点完成的百分比，然后设置"边框宽度""边框颜色""反向""消除锯齿品质"等选项，如图 6-24 所示。

图6-24　设置"圆划像"过渡效果

步骤 14　在节目监视器中播放视频，查看"圆划像"过渡效果，如图 6-25 所示。

图6-25　预览"圆划像"过渡效果

步骤 15　在两个图片素材之间添加"渐变擦除"过渡效果，在弹出的"渐变擦除设置"对话框中单击"选择图像"按钮，如图 6-26 所示。

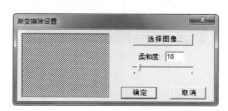

图6-26　"渐变擦除设置"对话框

步骤 16　在弹出的"打开"对话框中选择具有渐变效果的图片，然后单击"打开"按钮，如图 6-27 所示。

步骤 17　在"效果控件"面板中选中"反向"复选框，若要更换渐变图片，可以单击"自定义"按钮，如图 6-28 所示。

步骤 18　在节目监视器中预览"渐变擦除"过渡效果，如图 6-29 所示。若要更换图片或将图片更换为视频，可以在导入图片或视频素材后，按住【Alt】键的同时将素材从"项目"面板拖至时间轴面板中要替换的素材上。

图6-27　选择渐变图片

图6-28　选中"反向"复选框

图6-29　预览"渐变擦除"过渡效果

→ 6.2.3　添加字幕、音乐及导出视频

下面为视频添加字幕和背景音乐，然后将其导出，具体操作方法如下。

添加字幕、音乐及导出视频

步骤 01　在时间轴面板中用鼠标右键单击"视频 4"轨道，在弹出的快捷菜单中选择"添加单个轨道"命令（见图 6-30），添加"视频 5"轨道。

步骤 02　单击"文件"|"新建"|"旧版标题"命令，在弹出的"新建字幕"对话框中单击"确定"按钮，如图 6-31 所示。

图6-30 选择"添加单个轨道"命令

图6-31 "新建字幕"对话框

步骤03 打开"字幕"对话框，使用"矩形工具"▣绘制矩形，并设置半透明黑色填充。使用"文字工具"T在绘图区中输入文字，并设置字体、大小、阴影等格式，如图6-32所示。选择"选择工具"▶，然后用鼠标右键单击图形，在弹出的快捷菜单中还可设置图形类型、排列顺序、添加外部图形等。

图6-32 编辑字幕

步骤04 将新建的字幕素材从"项目"面板拖至"视频5"轨道上，并修剪素材的长度，如图6-33所示。若要重新编辑字幕，可以双击字幕素材。

图6-33 添加字幕素材

步骤05 将"项目"面板中的音频素材拖至A1音频轨道上，然后定位时间线位置，选中音频素材，按【Ctrl+K】组合键分割素材。选中右侧的音频素材，按【Delete】键将其删除，如图6-34所示。

图6-34 添加音频素材

步骤06 在"效果"面板中找到并选择"指数淡化"音频过渡效果，将其拖至音频素材的出点处，为音频添加淡出效果，如图6-35所示。至此，轮播广告视频制作完成，下面为其添加一个简单的文字片头。

图6-35 添加"指数淡化"音频过渡效果

步骤07 新建一个名为"普吉岛-完成"的序列，在工具面板中选择"文字工具"T或者按【T】键调用"文字工具"，在节目监视器中单击，输入所需的文字，如图6-36所示。

图6-36 添加文字

步骤08 选中要设置格式的文字，在"效果控件"面板中设置文字格式，如图6-37所示。

图6-37　设置文字格式

步骤 09　此时，即可查看设置格式后的文字效果，如图6-38所示。

图6-38　查看文字效果

步骤 10　在时间轴面板中的时间码上单击，输入300并按【Enter】键确认。将时间线定位到3秒的位置，然后修剪文字素材的出点到时间线的位置，如图6-39所示。若要更改时间码的显示方式，可以在按住【Ctrl】键的同时单击时间码。

图6-39　修剪文字素材

步骤 11　在时间轴面板左上方单击"将序列作为嵌套或个别剪辑插入并覆盖"按钮 ▓，使其变为 ▓ 样式。在A1音频轨道左侧单击 ▓ 按钮，

设置目标轨道，然后将前面制作好的HTK序列拖至该序列中，并分别为素材添加"渐隐为黑色"过渡效果，如图6-40所示。

图6-40　添加序列

步骤 12　在时间轴面板中选择要导出的序列，按【Ctrl+M】组合键打开"导出设置"对话框，在"格式"下拉列表框中选择H.264选项（即MP4格式），然后单击"输出名称"文件名超链接，如图6-41所示。

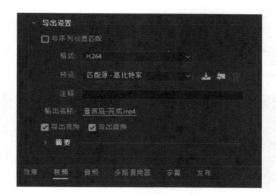

图6-41　导出设置

步骤 13　在弹出的"另存为"对话框中选择保存位置，并输入文件名，然后单击"保存"按钮，如图6-42所示。返回"导出设置"对话框，单击"导出"按钮，即可导出视频。

图6-42　设置保存选项

6.3 使用Premiere进行视频剪辑

下面将介绍如何在 Premiere 中进行视频剪辑，如修剪视频、更改视频大小和方向、视频调速与倒放，以及制作创意视频剪辑等。

→ 6.3.1 修剪视频

修剪视频

对视频素材进行修剪并重新进行拼接是视频编辑中的基本操作，在 Premiere 中修剪视频的具体操作方法如下。

步骤 01 新建项目，并导入"素材文件\第6章\get-lost.mp4"，将视频素材拖至"新建项"按钮上，创建序列。将时间线定位到要裁剪的位置，在工具栏中选择"剃刀工具"或按【C】键调用该工具，在时间线上单击即可分割视频素材，如图 6-43 所示。

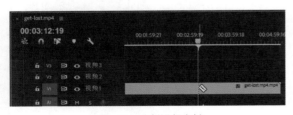

图6-43 分割视频素材

步骤 02 将鼠标指针置于右侧视频素材的入点处，此时鼠标指针变为红色调整柄，向右拖动鼠标，修剪视频素材的入点位置，如图 6-44 所示。

图6-44 修剪视频素材

步骤 03 在修剪视频素材时，在节目监视器中可以预览修剪位置的图像，如图 6-45 所示。

图6-45 预览图像

步骤 04 修剪视频素材后，两段视频素材之间会出现空隙。用鼠标右键单击空隙，在弹出的快捷菜单中选择"波纹删除"命令，即可将其删除，如图 6-46 所示。在修剪视频素材时，要想使两段视频素材之间不产生空隙，可以按【B】键调用"波纹编辑工具"，使用该工具对视频素材进行修剪。

图6-46 删除空隙

步骤 05 对视频素材进行快速修剪时，还可通过源监视器来进行操作。在"项目"面板中双击视频素材，在源监视器中查看素材。按【L】键可以播放视频，按【K】键可以暂停播放，按【←】或【→】方向键可以执行"后退一帧"或"前进一帧"操作。单击"标记入点"按钮或按【I】键，标记剪辑的入点，如图 6-47 所示。

图6-47 标记入点

步骤 06 将时间指示器滑块定位到出点位置，单击"标记出点"按钮█或按【O】键，然后拖动"仅拖动视频"按钮█到时间轴面板中，如图6-48所示。为了便于定位，可以拖动源监视器下方的滚动条两端的缩放滑块█放大时间显示区域。

图6-48 标记出点

步骤 07 此时，即可将入点和出点之间的视频剪辑拖至时间轴面板中。采用同样的方法，在源监视器中继续标记入点和出点，并将视频剪辑拖至时间轴面板的序列中，在A1轨道上添加音频素材，如图6-49所示。

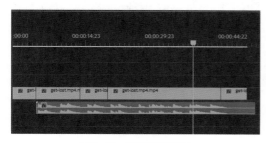

图6-49 添加音频素材

步骤 08 下面根据背景音乐的节奏对视频进行进一步的修剪，将时间线定位到一个镜头的开始位置，然后使用"剃刀工具"█分割视频，如图6-50所示。

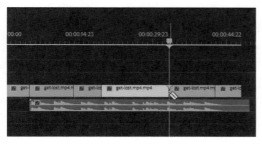

图6-50 分割视频素材

步骤 09 根据音频波纹将时间线定位到音频节奏开始的位置，然后按【R】键调用"比率拉伸工具"█，对视频进行修剪，效果如图6-51所示。使用"比率拉伸工具"修剪视频，将改变视频的播放速度。

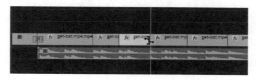

图6-51 使用"比率拉伸工具"修剪视频

步骤 10 在视频素材的开始位置添加文字，并设置文本的不透明度，然后导出视频，如图6-52所示。

图6-52 添加文字

→ 6.3.2 更改视频大小和方向

在编辑视频时，有时需要将横屏的视频调整为竖屏，这时就需要对序列的方向和大小进行设置，然后对视频素材进行缩放调整，具体操作方法如下。

更改视频大小和方向

步骤 01 在"项目"面板中将制作完成的序列拖至"新建项"按钮上█，如图6-53所示，创建新序列，并将其命名为"竖屏"。

步骤 02 在"项目"面板中用鼠标右键单击"竖屏"序列，在弹出的快捷菜单中选择"序列设置"命令，弹出"序列设置"对话框，在"编辑模式"下拉列表框中选择"自定义"选项，设置视频大小为720像素×1280像素，如图6-54所示，然后单击"确定"按钮。

图6-53　创建新序列

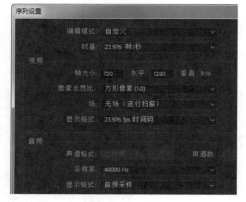

图6-54　设置视频大小

步骤03　打开"竖屏"序列，在时间轴面板中按住【Alt】键的同时向上拖动素材进行复制，然后选择V1轨道中的素材，如图6-55所示。

图6-55　复制素材

步骤04　在"效果控件"面板中调整"缩放"参数，使视频素材大小占满视频窗口，如图6-56所示。采用同样的方法，调整V2轨道中的视频大小。若要横屏观看视频，可以将"旋转"参数设置为90。

步骤05　打开"效果"面板，搜索"高斯模糊"，然后将该效果拖至V1轨道中的视频素材上，如图6-57所示。

图6-56　调整视频大小

图6-57　添加"高斯模糊"效果

步骤06　在"效果控件"面板中设置"高斯模糊"效果参数，如图6-58所示。

图6-58　设置"高斯模糊"效果参数

步骤07　在节目监视器中预览视频显示效果，如图6-59所示。

图6-59　预览视频显示效果

步骤08　为V2轨道中的素材添加"拆分"过渡效果，在"效果控件"面板中单击过渡预览边缘上的箭头按钮，更改过渡方向为纵向拆分，如图6-60所示。

图6-60　添加"拆分"过渡效果

步骤09　按【Ctrl+M】组合键打开"导出设置"对话框，在"格式"下拉列表框中选择H.264选项，设置"输出名称"，如图6-61所示。

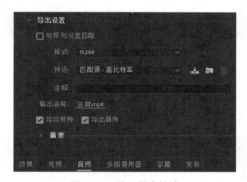

图6-61　设置导出格式

步骤10　选择"视频"选项卡，减小"目标比特率（Mbit/s）"数值，对视频进行压缩，以减小文件的体积，如图6-62所示。设置完成后，单击"导出"按钮，即可导出视频。

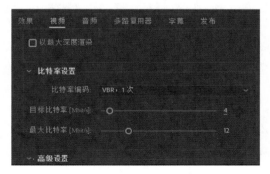

图6-62　设置目标比特率

→ 6.3.3　视频调速与倒放

视频调速与倒放

在对剪辑的视频进行调整时，经常需要对视频进行快放、慢放、倒放与定格等设置，Premiere可以快速实现这些效果，具体操作方法如下。

步骤01　打开"素材文件\第6章\调速.prproj"，选中视频和音频素材，单击时间轴面板左上方的"链接选择项"按钮，链接视频和音频素材。使用"剃刀工具"将要调速的视频片段分割出来，如图6-63所示。

图6-63　分割视频素材

步骤02　将最右侧的视频片段向右拖动一段距离，然后按【R】键调用"比率拉伸工具"，选择要调速的视频片段，向左拖动出点即可设置加速播放，向右拖动出点即可设置慢速播放，如图6-64所示。

图6-64　使用"比率拉伸工具"调速

步骤03　在节目监视器中预览视频调速后的效果，如图6-65所示。

图6-65　预览调速效果

步骤 04 选中调速后的视频片段，按住【Alt】键的同时向右拖动视频片段，复制两次，然后选中中间的视频片段，如图6-66所示。

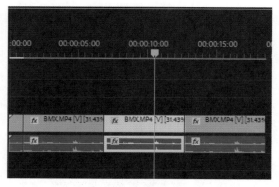

图6-66 复制视频片段

步骤 05 用鼠标右键单击选中的视频片段，在弹出的快捷菜单中选择"速度/持续时间"命令，在弹出的"剪辑速度/持续时间"对话框中选中"倒放速度"复选框，然后单击"确定"按钮，即可设置该视频片段进行倒放，如图6-67所示。

图6-67 设置倒放

步骤 06 除了使用工具和命令对视频进行调速外，还可通过关键帧快速实现调速效果。双击视频轨道将其展开，可以看到视频素材中有一条关键帧线，按住【Ctrl】键的同时在关键帧线上单击即可添加关键帧，拖动关键帧即可调整不透明度，如图6-68所示。若要删除关键帧，可用鼠标右键单击关键帧，在弹出的快捷菜单中选择"删除关键帧"命令。

步骤 07 用鼠标右键单击视频片段左上方的 fx 按钮，在弹出的快捷菜单中选择"时间重映射"|"速度"命令，将轨道上的关键帧控件更

改为"速度"控件。在要调速的视频片段两端按住【Ctrl】键的同时单击，即可添加关键帧。将两个关键帧之间的直线向上或向下拖动，即可进行加速或减速设置，如图6-69所示。

图6-68 添加关键帧

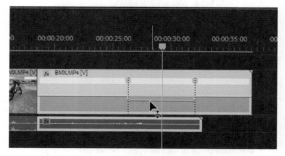

图6-69 调整速度

步骤 08 在两个关键帧中间要进行画面定格的位置按住【Ctrl】键的同时单击，即可添加关键帧，如图6-70所示。

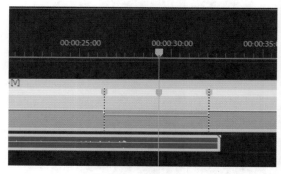

图6-70 添加关键帧

步骤 09 按住【Ctrl+Alt】组合键的同时向右拖动要进行画面定格的关键帧，直到所需的定格时间松开鼠标，即可设置该段时间帧定格，如图6-71所示。

步骤 10 按住【Ctrl】键的同时拖动视频片段最右侧的关键帧，可以设置所选时间内的视频先倒放再正放，如图6-72所示。

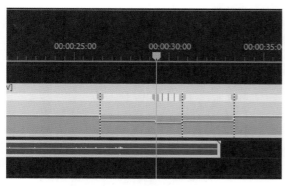

图6-71　设置帧定格

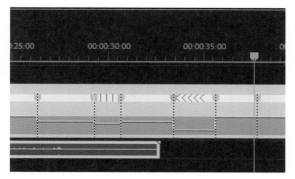

图6-72　设置先倒放再正放

步骤 11　将第一个关键帧的起始点和结束点拉开一小段距离，然后将两点之间的坡度调整为平滑的曲线，使视频在加速时有一个过渡，如图 6-73 所示。

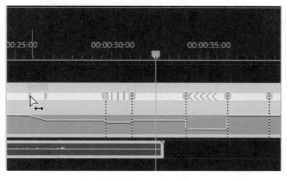

图6-73　调整曲线

步骤 12　在"效果控件"面板中展开"速度"选项，同样可以进行关键帧的调整，如图 6-74 所示。选中关键帧并用鼠标右键单击，在弹出的快捷菜单中可以设置"还原"或"清除"关键帧等。

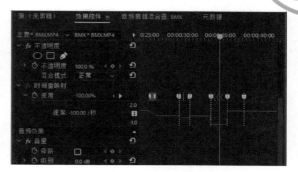

图6-74　调整关键帧

6.3.4　创意视频剪辑：人物分身效果

利用 Premiere 可以为视频中的人物制作多个分身效果。首先拍摄一段固定镜头，使人物分别出现在不同的位置，然后在 Premiere 中将这些位置的人物合成到一个场景中，具体操作方法如下。

创意视频剪辑：
人物分身效果

步骤 01　新建项目，导入"素材文件\第6章\视频 1.mp4"。在"项目"面板中双击视频素材，在源监视器中标记第 1 个视频剪辑的入点和出点，然后将其拖至时间轴面板中创建序列，如图 6-75 所示。

图6-75　标记第1个视频剪辑的入点和出点

步骤 02　在源监视器中继续标记第 2 个视频剪辑的入点和出点，并将其拖至 V2 轨道中，如图 6-76 所示。

步骤 03　在时间轴面板中使用"选择工具"修剪视频素材，如图 6-77 所示。

步骤 04　在"效果"面板中搜索"线性"，选择"线性擦除"效果，如图 6-78 所示。

图6-76　标记第2个视频剪辑的入点和出点

图6-77　修剪视频素材

图6-78　选择"线性擦除"效果

步骤 05　将"线性擦除"效果拖至 V2 轨道中的视频素材上，在"效果控件"面板中设置线性擦除参数，即擦除视频的左侧部分，以显示 V1 轨道中的视频，如图 6-79 所示。

图6-79　设置"线性擦除"效果

步骤 06　在节目监视器中预览视频效果，如图 6-80 所示。若要对视频素材的左右两侧分别

进行擦除，可以再添加一个"线性擦除"效果，并进行右侧的擦除设置。

图6-80　预览视频效果

步骤 07　还可使用蒙版快速制作人物分身效果。在"项目"面板中复制序列并重命名为"使用蒙版"，然后将其打开，在时间轴面板中对视频素材进行修剪。选择 V2 轨道中的视频素材，在"效果控件"面板中删除"线性擦除"效果或禁用该效果，然后在"不透明度"选项下单击"创建椭圆形蒙版"按钮，创建"蒙版（1）"，如图 6-81 所示。

图6-81　单击"创建椭圆形蒙版"按钮

步骤 08　此时，仅显示椭圆蒙版中的视频素材。在节目监视器中调整椭圆蒙版的大小和位置，拖动其控制柄还可调整"蒙版羽化"参数，如图 6-82 所示。

图6-82　调整椭圆蒙版参数

6.3.5 创意视频剪辑：人物定格效果

下面通过导出帧并抠图，为视频中的人物制作定格效果，具体操作方法如下。

步骤01 打开"素材文件\第6章\人物定格.prproj"，将时间指示器滑块定位到要进行定格的位置，然后单击"导出帧"按钮 ，如图6-83所示。

图6-83 单击"导出帧"按钮

步骤02 弹出"导出帧"对话框，在"名称"文本框中可以看到其中包括了时间码。单击"浏览"按钮，设置图片保存位置，选择图片格式类型，然后单击"确定"按钮，导出该帧的静止图像，如图6-84所示。

图6-84 设置导出帧

步骤03 采用同样的方法，继续在其他需要定格的位置导出帧，在"项目"面板中可以查看导出的静止图像，如图6-85所示。

步骤04 将导出的静止图像分别在Photoshop中进行抠图，抠取图像中的人物，并保存为PNG格式的图像，如图6-86所示。完成抠图后，将图像导入"项目"面板中。

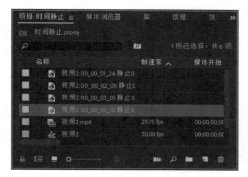

图6-85 继续导出其他帧

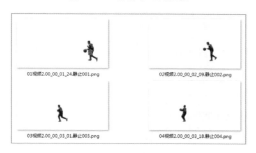

图6-86 抠图处理

步骤05 在时间轴面板中插入多个轨道，然后分别将抠图素材依次拖至不同的轨道中，并修剪图片的出点到定格的时间，如图6-87所示。

步骤06 在节目监视器中预览人物定格视频效果，如图6-88所示。

图6-87 添加并修剪抠图素材

图6-88 预览人物定格视频效果

6.4 制作视频片头和片尾

在网络视频中，令人耳目一新的片头和片尾可以吸引人们的眼球与关注。下面将介绍在 Premiere 中制作视频片头和片尾的方法。

→ 6.4.1 制作书写文字片头

下面在 Premiere 中为视频添加开幕效果，并添加书写文字动画，制作小清新的视频片头，具体操作方法如下。

制作书写文字片头

步骤 01 新建项目，并导入"素材文件\第 6 章\autumn_leaves.mp4"，将视频素材拖至时间轴面板中创建序列，并设置序列参数，其中设置"时基"为 25 帧/秒，如图 6-89 所示，然后单击"确定"按钮。

图6-89 设置序列参数

步骤 02 为视频素材添加"裁剪"效果，在"效果控件"面板中为"顶部"和"底部"选项开启关键帧动画，设置第 1 个关键帧的值为 50%，第 2 个关键帧的值为 0%。拖动鼠标选中所有关键帧，然后用鼠标右键单击所选的关键帧，在弹出的快捷菜单中选择"贝塞尔曲线"命令，制作视频开幕效果，如图 6-90 所示。

步骤 03 在"项目"面板中单击"新建项"按钮 ，在弹出的列表中选择"颜色遮罩"选项，在弹出的"新建颜色遮罩"对话框中单击"确定"按钮，如图 6-91 所示。

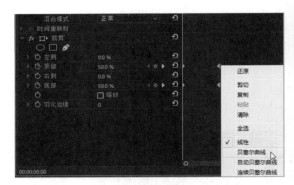

图6-90 选择"贝塞尔曲线"命令

图6-91 "新建颜色遮罩"对话框

步骤 04 弹出"拾色器"对话框，设置颜色，然后单击"确定"按钮，如图 6-92 所示。

图6-92 设置颜色

步骤 05 在时间轴面板中将视频素材拖至 V2 轨道，然后将新建的颜色遮罩拖至 V1 轨道中。此时，即可更改视频的背景颜色，在节目监视器中查看视频开幕效果，如图 6-93 所示。

步骤 06 单击"文件"|"新建"|"旧版标题"命令，新建字幕，在"字幕"对话框中编辑文字，如图 6-94 所示。

图6-93 查看视频开幕效果

图6-94 编辑字幕文字

步骤07 将字幕素材拖至V3轨道中，并修剪素材。用鼠标右键单击字幕素材，在弹出的快捷菜单中选择"嵌套"命令，在弹出的"嵌套序列名称"对话框中单击"确定"按钮，将所选字幕嵌套为一个序列，如图6-95所示。

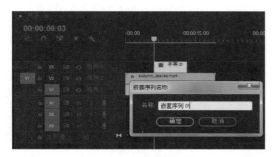

图6-95 创建嵌套序列

步骤08 在"效果"面板中找到"书写"效果，并将其拖至嵌套序列中，在"效果控件"面板中设置"画笔颜色""画笔大小""不透明度"等参数，添加"画笔位置"关键帧，如图6-96所示。

步骤09 在时间轴面板中单击V1和V2轨道左侧的小眼睛图标，即可隐藏轨道。在"效果控件"面板中选择"书写"效果，然后在节目

监视器中将画笔拖至要书写的起点位置。按【→】方向键向右移动1帧，拖动画笔到下一个书写位置，如图6-97所示。

图6-96 设置"书写"效果

图6-97 添加关键帧

步骤10 按一次【→】方向键，调整一下书写位置，直至书写完成，如图6-98所示。

图6-98 继续添加关键帧

步骤11 在"效果控件"面板的"绘制样式"下拉列表中选择"显示原始图像"选项，如图6-99所示。

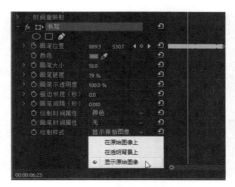

图6-99 设置"绘制样式"选项

步骤 12 显示 V1 和 V2 轨道，在节目监视器中预览书写文字效果，如图 6-100 所示。

图6-100 预览书写文字效果

步骤 13 在"效果控件"面板中为字幕素材添加"不透明度"和"位置"动画，然后添加"粗糙边缘"效果，在"边框"选项中添加两个关键帧，参数分别为 0 和 100，制作文字逐渐消失的效果，如图 6-101 所示。

图6-101 设置"粗糙边缘"效果

步骤 14 导入"书写音效 .wav""下雨声 .mp3""背景音乐 .mp3"音频素材，将其添加到音频轨道并进行修剪，如图 6-102 所示。

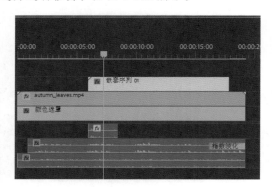

图6-102 添加音频素材

→ 6.4.2 制作抖音关注片尾

下面在 Premiere 中为抖音短视频制作关注动画片尾效果，具体操作方法如下。

制作抖音关注片尾

步骤 01 新建"片尾"项目，然后新建序列，在弹出的"新建序列"对话框中进行自定义设置，如图 6-103 所示，单击"确定"按钮。

图6-103 新建序列

步骤 02 导入"素材文件 \ 第 6 章 \ 片尾"中的图片与音频素材，将猫咪图片素材拖至 V1 轨道，并调整图片的大小，在节目监视器中查看图片效果，如图 6-104 所示。

图6-104 调整图片素材

步骤 03 新建黑色的"颜色遮罩"素材，并将其拖至 V2 轨道，为其添加"圆形"效果。在"效果控件"面板中设置"反转圆形""颜色""半径"等选项，如图 6-105 所示。

步骤 04 在节目监视器中查看视频效果，如图 6-106 所示。

图6-105 设置"圆形"效果

图6-106 查看视频效果

步骤 05 在工具面板中选择"椭圆工具" ![icon] ，然后在节目监视器中按住【Shift】键绘制圆形。在"效果控件"面板中取消选中"填充"复选框，选中"描边"复选框，并设置颜色和描边宽度，通过设置"位置"选项参数调整圆形的位置，如图 6-107 所示。

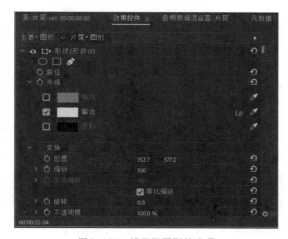

图6-107 设置椭圆形状选项

步骤 06 在节目监视器中查看视频效果，如图 6-108 所示。

图6-108 查看视频效果

步骤 07 新建多个轨道，将"加号"（即"图片 1"）和"对号"（即"图片 2"）素材拖至 V4 轨道，并修剪图片素材。通过"效果控件"面板在"加号"图片素材的出点位置添加旋转动画，然后在两个素材之间添加"交叉溶解"过渡效果，在 A1 轨道中添加音效素材，如图 6-109 所示。

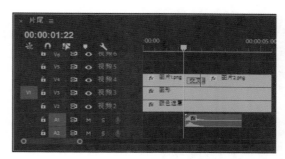

图6-109 添加并设置图片素材

步骤 08 在节目监视器中查看视频效果，如图 6-110 所示。

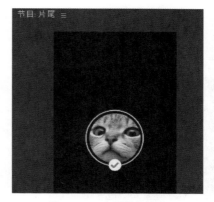

图6-110 查看视频效果

步骤09 分别在 V5 和 V6 轨道中添加文字和心形图片素材，如图 6-111 所示。在"效果控件"面板中为心形图片添加缩放动画。

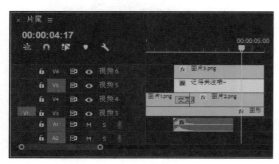

图6-111 添加文字和心形图片素材

步骤10 在节目监视器中预览片尾动画效果，然后导出视频，如图 6-112 所示。

图6-112 预览片尾动画效果

6.5 为视频快速添加字幕

在对网络视频进行后期编辑时，很多时候都需要为视频添加字幕或旁白，以向观众清晰地传达视频信息。下面将介绍在 Premiere 中为视频快速添加字幕的方法。

6.5.1 使用文字工具添加字幕

使用 Premiere CC 2018 中的"文字工具"可以很方便地在视频中直接输入字幕文字，还可以为文字添加响应式设计，如调整文字持续时间、使图形或图片自动适应文字变化等，具体操作方法如下。

使用文字工具添加字幕

步骤01 打开"素材文件\第6章\添加字幕.prproj"，在需要添加字幕的位置按【M】键，即可添加标记，如图 6-113 所示。

图6-113 添加标记

步骤02 使用"文字工具" T在节目监视器中添加标题文字，并设置字体格式，如图 6-114 所示。

图6-114 添加标题文字

步骤03 为文字添加"裁剪"效果，在"效果控件"面板中添加"右侧"关键帧，制作文字从左到右逐渐显示的动画效果，并设置"羽化边缘"参数，如图 6-115 所示。

图6-115 设置"裁剪"效果

步骤 04　在节目监视器中预览文字动画效果，如图6-116所示。

图6-116　预览文字动画效果

步骤 05　在时间轴面板中将时间线定位到要插入字幕的位置，使用"文字工具" T 输入字幕文字，并设置字体格式，如图6-117所示。

图6-117　添加字幕文字

步骤 06　在"效果控件"面板中为文字添加"缩放"和"不透明度"关键帧动画，在时间线上拖动最左侧和最右侧的控制柄，锁定开始持续时间和结尾持续时间，如图6-118所示。

图6-118　添加并锁定关键帧动画

步骤 07　在时间轴面板中按住【Alt】键的同时向右拖动文字素材，即可复制文字。根据需要修改文字，然后根据标记位置修剪文字素材，如图6-119所示。在修剪文字素材时，可以看到文字中的动画不会被修剪掉。

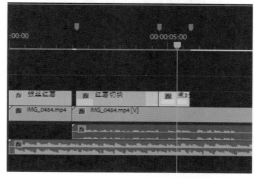

图6-119　复制并修剪文字素材

步骤 08　采用同样的方法继续复制文字素材，修改文字并修剪文字素材，如图6-120所示。

图6-120　添加其他文字素材

步骤 09　将时间线定位到0秒位置，使用"文字工具" T 在视频画面的右上方输入文字，并设置字体格式，如图6-121所示。

图6-121　输入文字

步骤 10　选中新添加的文字素材，单击"窗

口"|"基本图形"命令，在打开的"基本图形"面板中选择"编辑"选项卡，单击"新建图层"按钮█，在弹出的列表中选择"来自文件"选项，如图6-122所示。

图6-122　选择"来自文件"选项

步骤11　在弹出的"导入"对话框中选择图片，然后单击"打开"按钮，如图6-123所示。

图6-123　"导入"对话框

步骤12　在"基本图形"面板中将图片移至文字下层，在"对齐并变换"选项区中调整不透明度，如图6-124所示。

图6-124　调整图片不透明度

步骤13　在节目监视器中调整图片的大小和位置，如图6-125所示。除了插入图片外，还可以插入矩形、圆形，或者使用"钢笔工具"✍绘制任意形状。

图6-125　调整图片的大小和位置

步骤14　在"基本图形"面板中选中图片，在"固定到"下拉列表框中选择文字对象，在右侧方位锁的中间单击进行关系固定，如图6-126所示。

图6-126　固定图片到文字

步骤15　此时，在节目监视器中编辑文字时，图片也会随之同步变化，如图6-127所示。若将对象固定到"视频帧"，则可以使其自动适应视频长宽比的变化。

图6-127　查看文字效果

6.5.2 Premiere结合Photoshop 快速制作字幕

若视频中需要添加的字幕很多，或者要为 MV 配歌词，采用逐个添加字幕的方式比较麻烦。此时，可以结合 Photoshop 为视频快速添加字幕，具体操作方法如下。

Premiere 结合 Photoshop 快速制作字幕

步骤 01 打开"素材文件\第 6 章\快速制作字幕 .prproj"，在节目监视器中播放视频。在播放过程中，听到歌词开始的位置时按【M】键添加标记，单击"导出帧"按钮，导出视频中的静止图像，如图 6-128 所示。

图6-128 导出帧

步骤 02 使用 Photoshop 打开静止图像，然后使用"直排文字工具"输入歌词文本，并为文本添加图层样式。添加完成后删除图片图层，仅保留文字图层，如图 6-129 所示。

图6-129 使用Photoshop制作字幕效果

步骤 03 在项目文件所在的目录下新建"歌词"记事本文件，输入歌词内容，在第一行输入任意英文字母，如图 6-130 所示。

图6-130 编辑记事本文件

步骤 04 在 Photoshop 菜单栏中单击"图像"|"变量"|"定义"命令，在弹出的"变量"对话框中选中"文本替换"复选框，输入"歌词 .txt"文件中的第 1 行英文字母，然后单击"下一个"按钮，如图 6-131 所示。

图6-131 定义变量

步骤 05 在"数据组"设置对话框中单击"导入"按钮，如图 6-132 所示。

图6-132 单击"导入"按钮

步骤 06 在弹出的"导入数据组"对话框中单击"选择文件"按钮，选择"歌词 .txt"文件，然后单击"确定"按钮，如图 6-133 所示。

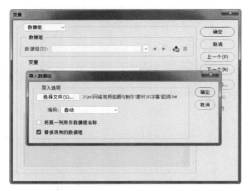

图6-133 "导入数据组"对话框

步骤07 此时，在"变量"对话框中可以看到歌词数据已经导入，单击"确定"按钮，如图6-134所示。

图6-134 导入歌词数据

步骤08 在Photoshop菜单栏中单击"文件"|"导出"|"数据组作为文件"命令，在弹出的对话框中单击"选择文件夹"按钮，弹出"浏览文件夹"对话框，选择导出目标文件夹，然后单击"确定"按钮，如图6-135所示。

图6-135 选择导出目标文件夹

步骤09 根据需要在"文件命名"选项区中设置导出文件的命名规则，然后单击"确定"按钮，

如图6-136所示。

图6-136 设置文件命名规则

步骤10 此时，即可将所有的歌词图片素材导出到目标文件夹中，如图6-137所示。

图6-137 查看导出的歌词图片素材

步骤11 切换到Premiere程序，单击V1轨道左侧的"切换轨道锁定"按钮，锁定该轨道。在"项目"面板中新建素材箱，并导入所有的歌词图片素材，然后选择所有的歌词图片素材，在下方单击"自动匹配序列"按钮，如图6-138所示。

图6-138 导入歌词图片素材

步骤12 弹出"序列自动化"对话框，设置"顺序""放置""使用入点/出点范围"等选项，然后单击"确定"按钮，如图6-139所示。

图6-139　设置序列自动化

步骤 13　此时，即可按顺序将歌词图片素材添加到 V2 轨道，并与标记对齐，如图 6-140 所示。

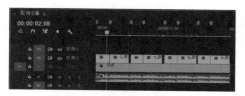

图6-140　按顺序添加歌词图片素材

步骤 14　将第 1、3、5、7 个歌词图片素材拖至 V3 轨道，并修剪歌词图片素材，选中第 2 个歌词图片素材，如图 6-141 所示。

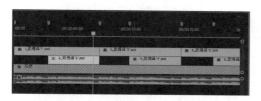

图6-141　修剪歌词图片素材

步骤 15　在"效果控件"面板中调整歌词的位置，制作双行歌词，然后在节目监视器中查看歌词显示效果，如图 6-142 所示。

图6-142　查看歌词显示效果

步骤 16　在时间轴面板中选中第 2 个歌词图片素材，按【Ctrl+C】组合键进行复制，然后选

中第 4、6、8 个歌词图片素材并用鼠标右键单击，在弹出的快捷菜单中选择"粘贴属性"命令，在弹出的对话框中选中"运动"复选框，如图 6-143 所示，然后单击"确定"按钮，以应用相同的歌词位置。

图6-143　选中"运动"复选框

步骤 17　在 V2 轨道中分别修剪第 2、4、6、8 个歌词图片素材的出点，如图 6-144 所示。

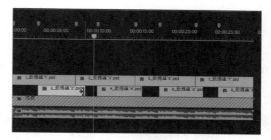

图6-144　修剪歌词图片素材

步骤 18　选中 V3 轨道中的第 1 个歌词图片素材，并为其添加"高斯模糊"效果，在"效果控件"面板中设置"不透明度"和"高斯模糊"动画，如图 6-145 所示。利用"粘贴属性"功能将"不透明度"和"高斯模糊"视频属性复制到其他歌词图片。

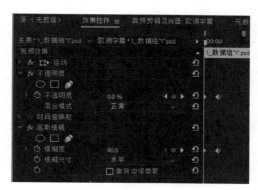

图6-145　设置动画效果

步骤 19 双击 V2 和 V3 轨道展开轨道，在各歌词图片素材的出点位置添加"不透明度"关键帧动画，制作文字淡出动画，如图 6-146 所示。若要调整轨道高度，还可以将鼠标指针置于轨道中，然后在按住【Alt】键的同时滚动鼠标滚轮。

图6-146　制作"不透明度"关键帧动画

6.6　视频调色

　　若视频画面的颜色存在缺陷，如色彩不平衡、曝光不足等，可以使用 Premiere 中的"颜色校正工具"修正视频的颜色，也可对视频进行创意调色，具体操作方法如下。

视频调色

步骤 01 打开"素材文件\第6章\视频调色.prproj"，在"项目"面板中单击"新建项"按钮，选择"调整图层"选项，然后将"调整图层"拖至"视频2"轨道，如图 6-147 所示。

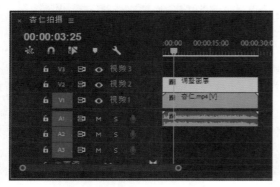

图6-147　添加调整图层

步骤 02 在 Premiere 窗口上方选择"颜色"选项，切换为"颜色"工作区。在"Lumetri 颜色"面板的"基本校正"选项中可以调整视频的白平衡和色调，如图 6-148 所示。

步骤 03 选择"Lumetri 范围"面板，程序将对当前视频画面亮度和色度的不同分析显示为波形，从而帮助用户准确地评估视频剪辑并进行颜色校正，如图 6-149 所示。

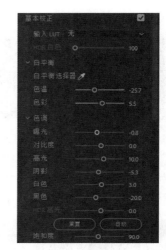

图6-148　颜色基本校正

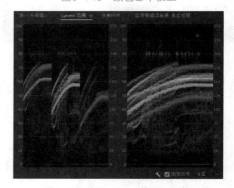

图6-149　"Lumetri范围"面板

步骤 04 在"Lumetri 颜色"面板中展开"RGB 曲线"选项，可以使用曲线调整剪辑的亮度和色调范围，可以分别调整 RGB 三个通道的曲线，如图 6-150 所示。在曲线上单击可以添加调节锚点，按住【Ctrl】键的同时单击锚点可以将其删除。

图6-150　调整曲线

步骤 05　在时间轴面板中单击调整图层所在轨道左侧的眼睛图标 👁，在节目监视器中对比调色前后的视频效果，如图6-151所示。视频基本

调色完成后，若要进行更多风格化的颜色调整，可以在上层轨道再添加一个调整图层，并进行所需的颜色调整。

图6-151　调色对比

6.7　音频的录制与编辑

为视频作品配音、配乐是非常重要的环节，恰如其分的音频能够为视频加分。下面将介绍如何在 Premiere 中为视频作品进行配音，并对音频文件进行编辑，如调节音频的音量、应用音频效果等，具体操作方法如下。

音频的录制与编辑

步骤 01　打开"素材文件\第6章\编辑音频.prproj"，在菜单栏中单击"编辑"|"首选项"|"音频硬件"命令，弹出"首选项"对话框，在"默认输入"下拉列表框中选择设备，如图6-152所示。

图6-152　选择音频输入设备

步骤 02　在左侧选择"音频"选项，在右侧选中"时间轴录制期间静音输入"复选框，如图6-153所示，该操作可以避免录音时出现延迟现象，然后单击"确定"按钮。

图6-153　选中"时间轴录制期间静音输入"复选框

步骤 03　在时间轴面板的音频轨道中单击"画外音录制"按钮 🎤，开始播放视频，此时即可进行录音。录音完成后,在节目面板中单击"停止"按钮 ■。双击音频轨道将其展开，上下拖动关键帧线，可以调节音量，如图6-154所示；按住【Ctrl】键的同时单击关键帧线,可以添加关键帧。

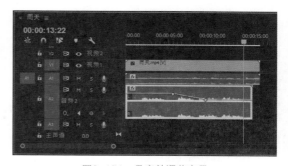

图6-154　录音并调节音量

步骤 04 在菜单栏中单击"窗口"|"基本声音"命令，打开"基本声音"面板，在"对话"选项下通过调整各项参数对声音进行修复。在"预设"下拉列表中还可选择所需的预设效果，如"清理嘈杂对话"，即可清除录音中的杂音，如图 6-155 所示。音频调整完成后，若要将其导出到计算机上，可以用鼠标右键单击音频，在弹出的快捷菜单中选择"渲染和替换"命令，即可将其导出到项目文件所在的位置。

图6-155 修复声音

课后习题

1. 使用 Premiere 打开"素材文件\第 6 章\习题\水果 .mp4"，对视频重新剪辑。

2. 使用 Premiere 打开"素材文件\第 6 章\习题\bees.mp4"，制作视频片头。

3. 使用 Premiere 打开"素材文件\第 6 章\习题\蛋炒饭 .mp4"，为视频添加字幕与背景音乐。

第7章

移动端视频后期编辑

现在以抖音、快手等为代表的手机短视频App异常火爆，移动端的短视频制作App更是层出不穷，它们可以帮助内容生产者、视频生产者快速制作出高质量、高水平的短视频作品。本章将介绍常用的移动端视频后期处理工具，以及使用移动端App编辑视频的方法与技巧。

学习目标

- 了解常用的移动端视频编辑工具。
- 掌握使用快剪辑编辑视频的方法。
- 掌握使用巧影编辑视频的方法。
- 掌握使用剪映编辑视频的方法。

7.1 常用移动端视频编辑工具

下面将简要介绍 7 款常用的移动端视频编辑工具，分别为快剪映、巧影、剪辑、小影、InShot、一闪和乐秀，如图 7-1 所示。

快剪辑　　巧影　　剪映　　小影　　InShot　　一闪　　乐秀

图7-1　常用的移动端视频编辑工具

1. 快剪辑

快剪辑是 360 公司旗下的一款功能齐全、操作简单、可以边看边编辑的视频剪辑工具，既有 PC 端的快剪辑，也有手机端的快剪辑。快剪辑是抖音、快手、朋友圈等平台用户强烈推荐的一款剪辑软件，无论是刚入门的新手，还是视频剪辑专家，快剪辑都能帮助其快速制作爆款的短视频作品。

2. 巧影

巧影作为一款功能全面的短视频处理 App，支持多个视频、图片、音频、文字、效果等视频 / 音频层，同时拥有精准编辑、一键抠图、多层混音、多倍变速、超高分辨率输出等功能。

3. 剪映

剪映是抖音官方推出的一款手机视频编辑应用，它具有强大的视频编辑功能，支持视频变速与倒放，用户可以在视频中添加音频、字幕、贴纸，应用滤镜、使用美颜等，而且它提供了非常丰富的曲库和贴纸资源等。即使是视频制作的初学者，也能利用这款应用制作出自己心仪的视频作品。

4. 小影

小影是一款全能、简易的手机视频编辑 App，易于上手，使用它可以轻松地对视频进行修剪、变速和配乐等操作，还可以一键生成主题视频。同时，使用小影还可以为视频添加胶片滤镜，增添字幕、动画贴纸、视频特效、转场效果，进行调色，制作画中画、GIF 视频等。

5. InShot

InShot 是功能强大、操作简单的视频编辑 App，使用它除了可以进行视频剪辑外，它还拥有视频幻灯片、视频调速、设置音乐 / 音效、录音、设置动画贴纸、设置滤镜和特效、设置超级转场、照片编辑和拼图、模糊背景和视频套框等功能。

6. 一闪

一闪 App 是一款专业的视频制作、剪辑与美化工具，在一闪 App 中用户自己就是导演，可以将创新、大胆的想法尽情展现，制作出具有影视级效果的视频作品。一闪拥有多款中英文字体、独家曲库、多款电影胶片滤镜等，还拥有 Vlog 精细剪辑、视频转动图、添加水印、视频涂鸦、高清视频导出等功能。

7. 乐秀

乐秀视频编辑器专注于短视频的拍摄与编辑，拥有视频剪辑、视频主题、动画贴纸、胶片滤镜、大片特效、视频美颜、海量音乐等功能，支持高清视频导出，且全面适配微信、微博、优酷、抖音、腾讯视频等视频应用。

7.2　使用快剪辑编辑视频

下面以快剪辑 App 为例介绍如何使用快剪辑编辑视频，具体操作方法如下。

使用快剪辑编辑视频

步骤 01　打开快剪辑 App，点击"剪辑"按钮，如图 7-2 所示。

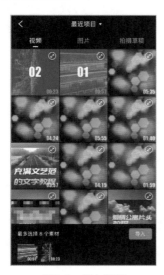

图7-2　点击"剪辑"按钮

步骤 02　选择要导入的视频素材，然后点击"导入"按钮，如图 7-3 所示。单击视频右上方的◉按钮，可以预览视频。

图7-3　导入视频

步骤 03　进入视频编辑界面，点击第 2 段视频将其选中，然后点击"画布"按钮▨，如图 7-4 所示。

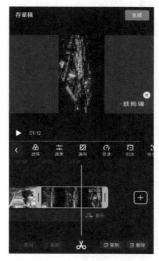

图7-4　点击"画布"按钮

步骤 04　在打开的界面中点击"左转"按钮↺旋转视频，然后点击✔按钮，如图 7-5 所示。

图7-5　旋转视频

步骤 05　选择第 1 段视频，拖动时间轴最左侧的把手按钮，调整视频的开始时间，如图 7-6 所示。

图7-6 修剪视频

步骤 06 点击两段视频中间的 + 按钮，打开"转场效果"界面，选择"胖海星"转场效果，然后点击该效果下方的"点击调节"按钮，如图 7-7 所示。

图7-7 选择转场效果

步骤 07 在打开的界面中拖动滑块，调节转场效果的持续时间，然后点击 ✔ 按钮，如图 7-8 所示。

步骤 08 使用双指向外滑动时间轴放大时间轴的显示，然后拖动时间轴将时间线定位到要进行变速的视频的起始位置，然后点击下方的 ✂ 按钮分割视频，如图 7-9 所示。

图7-8 设置转场效果

图7-9 分割视频

步骤 09 采用同样的方法，将时间线定位到要分割视频的终点位置，然后点击下方的 ✂ 按钮。选中分割出来的视频片段，然后点击"变速"按钮 ⟳，如图 7-10 所示。

步骤 10 在打开的界面中拖动速度标尺调整速度，然后点击 ✔ 按钮，如图 7-11 所示。

步骤 11 将时间线定位到最左侧的位置,点击"字幕"按钮 Ⓣ，输入字幕文字，如图 7-12 所示。选中字幕文字后，点击文字左上方的编辑按钮 ✎。

步骤 12 在打开的界面中设置字体样式，然后点击"完成"按钮，如图 7-13 所示。

图7-10　点击"变速"按钮

图7-11　调整速度

图7-12　添加字幕

图7-13　设置字体样式

步骤 13　点击视频左侧的"全部静音"按钮 ，关闭视频原声。点击"音频"按钮 ，然后点击"点击添加音乐"按钮 ，如图 7-14 所示。

图7-14　添加音乐

步骤 14　在打开的界面中选择音乐分类，并点击音乐名试听音乐。若使用该音乐，则点击"使用"按钮，如图 7-15 所示。

步骤 15　此时，即可添加背景音乐，可以根据需要对背景音乐进行修剪、音量、踩点、变声等设置，如图 7-16 所示。

步骤 16　在时间轴中定位时间线的位置，然后点击"美化"按钮 ，如图 7-17 所示。

图7-15 选择音乐

图7-16 添加音乐

图7-17 点击"美化"按钮

步骤 17 在打开的界面中点击"光效"按钮，选择所需的效果，在此选择一种粉尘效果，如图7-18所示。

图7-18 选择粉尘效果

步骤 18 采用同样的方法，继续在时间轴上所需的位置添加烟花效果。视频编辑完成后，点击右上方的"生成"按钮，即可导出视频，如图7-19所示。

图7-19 点击"生成"按钮

7.3 使用巧影编辑视频

下面将介绍如何使用巧影对视频进行编辑，具体操作方法如下。

使用巧影编辑视频

步骤01 打开"巧影"App，点击"创建项目"按钮🎬，如图7-20所示。

图7-20 点击"创建项目"按钮

步骤02 在打开的界面中选择视频比例，如16：9，如图7-21所示。

图7-21 选择视频比例

步骤03 进入视频编辑界面，在右上方的控件面板中点击"媒体"按钮📷，如图7-22所示。

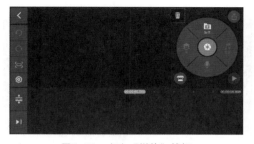

图7-22 点击"媒体"按钮

步骤04 在打开的界面中依次选择要添加的两段视频素材，然后单击右上方的✅按钮，如图7-23所示。

图7-23 添加视频素材

步骤05 拖动时间轴，将播放指针定位到要裁剪的位置，选择视频素材，在右侧点击"裁剪/拆分"按钮✂，如图7-24所示。

图7-24 点击"裁剪/拆分"按钮

步骤06 在打开的界面中点击"裁剪至播放指针右侧"选项▣，将播放指针右侧的素材裁剪掉，如图7-25所示。

图7-25 裁剪至播放指针右侧

步骤07 在两段素材连接处点击➕按钮，打开"转场"界面，选择"经典转场效果"分类，然后选择"放大退出"转场效果，如图7-26所示。

步骤08 选中视频素材，在右侧点击"音量"按钮🔊，在打开的界面中点击"静音"按钮，关闭视频原声，如图7-27所示。

图7-26 添加转场效果

图7-27 设置视频静音

步骤09 将播放指针定位到要添加文字的位置，点击控件面板中的"层"按钮☰，在弹出的菜单中点击"文本"按钮**T**，即可创建"文本"层，如图7-28所示。

图7-28 创建"文本"层

步骤10 在打开的界面中输入文本，然后点击⊙按钮，如图7-29所示。

图7-29 输入文本

步骤11 返回视频编辑界面，移动文本的位置，调整文本层的长度，在右上方点击"字体"按

钮**Aa**可以设置字体样式，然后点击"开场动画"按钮◖◗，如图7-30所示。

图7-30 点击"开场动画"按钮

步骤12 在弹出的面板中选择需要的开场动画，在此选择"向左滑"选项。滑动下方的标尺，设置动画的持续时间，然后点击⊙按钮，如图7-31所示。采用同样的方法，添加"向右滑"结尾动画。

图7-31 设置开场动画

步骤13 将播放指针定位到要添加文字的位置，点击控件面板中的"层"按钮☰，在弹出的菜单中点击"手写"按钮✐，然后设置画笔样式，在视频界面中进行文字书写，完成后点击⊙按钮，如图7-32所示。

图7-32 书写文字

步骤14 点击书写的文字，调整其大小和位置，并添加开场动画，如图7-33所示。

图7-33　调整文字

步骤 15　下面为视频添加背景音乐，若 iPhone 手机用户无法找到本地音乐，可以先将音乐文件传送到手机 QQ 上，在手机 QQ 上打开音乐文件，然后点击右上方的███按钮，在打开的界面中点击"用其他应用打开"按钮，如图 7-34 所示。

图7-34　点击打开其他应用

步骤 16　在打开的界面中点击"更多"按钮，如图 7-35 所示。

图7-35　点击"更多"按钮

步骤 17　在打开的界面中点击"拷贝到'巧影'"选项，如图 7-36 所示。

图7-36　拷贝到"巧影"

步骤 18　在巧影界面的右上方点击"音频"按钮🎵，在打开的界面中选择音频素材，然后点击⊕按钮，如图 7-37 所示。

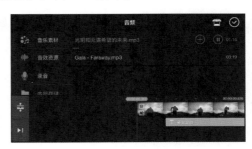

图7-37　添加音频素材

步骤 19　选择音频素材，在右侧点击"音量曲线"按钮📈，将播放指针定位到要添加关键帧的位置，点击🔘按钮，添加音频关键帧，如图 7-38 所示。

图7-38　添加音频关键帧

步骤20 采用同样的方法，在音频结尾位置添加一个关键帧，如图7-39所示，并调节音量为0，制作音频淡出效果。

图7-39 设置音量曲线

步骤21 视频编辑完成后，点击视频编辑界面右上方的"导出"按钮，在打开的界面中设置视频分辨率和帧率，然后点击"导出"按钮，即可导出视频，如图7-40所示。

图7-40 导出视频

7.4 使用剪映编辑视频

下面将详细介绍如何使用剪映编辑视频，包括制作创意拍照视频和抖音卡点视频。

→ 7.4.1 制作创意拍照视频

制作创意拍照视频

首先使用手机相机录制一个拍照视频，并拍摄一张照片，然后将其导入到剪映中进行编辑，具体操作方法如下。

步骤01 打开剪映App，并登录抖音账号，在下方点击"剪辑"按钮，然后点击"开始创作"按钮 +，如图7-41所示。

图7-41 点击"开始创作"按钮

步骤02 在打开的界面中选择拍摄的视频素材，然后在下方点击"添加到项目"按钮，如图7-42所示。

图7-42 添加视频素材

步骤03 拖动素材两端的按钮修剪素材，然后在下方点击"变速"按钮，如图7-43所示。

步骤04 在打开的界面中点击"曲线变速"按钮，如图7-44所示。

步骤05 在打开的界面中点击"自定"按钮，如图7-45所示。

图7-43　点击"变速"按钮

图7-44　点击"曲线变速"按钮

图7-45　点击"自定"按钮

步骤06　拖动控制点自定义变速曲线，在右上方还可添加或删除节点，设置完成后点击右下方的✓按钮，如图7-46所示。

图7-46　自定义变速曲线

步骤07　在时间轴右侧点击＋按钮，如图7-47所示。

图7-47　点击＋按钮

步骤08　在打开的界面中选择拍摄的照片，然后在下方点击"添加到项目"按钮，如图7-48所示。

步骤09　点击视频与照片两段素材衔接处的ⅰ按钮，如图7-49所示。

步骤10　在打开的界面中选择"闪白"转场效果，然后点击右下方的✓按钮，如图7-50所示。

图7-48 添加照片

图7-49 点击 I 按钮

图7-50 选择转场效果

步骤 11 选择图片素材，在界面上方使用双指拖动调整图片的大小和位置，然后在下方点击"调节"按钮，如图 7-51 所示。

图7-51 调整图片大小和位置

步骤 12 在打开的界面中点击"对比度"按钮，然后拖动滑块调节对比度，如图 7-52 所示。

图7-52 调节对比度

步骤 13 点击"饱和度"按钮，然后拖动滑块调节饱和度，根据需要调节锐化、高光、阴影和色温等参数，点击右下方的 ✓ 按钮，如图 7-53 所示。

步骤 14 将时间线定位到时间轴最左侧，在下方点击"特效"按钮，如图 7-54 所示。

步骤 15 在打开的界面中选择"变清晰"特效，然后点击 ✓ 按钮，如图 7-55 所示。

图7-53 调节饱和度

图7-54 点击"特效"按钮

图7-55 选择"变清晰"特效

步骤16 选中特效,并对其进行修剪,如图7-56所示。

图7-56 修剪特效

步骤17 将时间线定位到图片素材所在的位置,在下方点击"文本"按钮,在打开的界面中点击"新建文本"按钮,如图7-57所示。

图7-57 点击"新建文本"按钮

步骤18 输入文本,并设置文本样式,如图7-58所示。

步骤19 选择"气泡"选项卡,然后选择所需的文本气泡样式,如图7-59所示。

图7-58　设置文本样式

图7-60　添加动画

图7-59　选择气泡样式

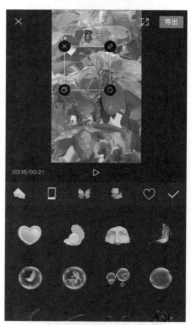

图7-61　添加贴纸

步骤 20　选择"动画"选项卡，然后选择"打字机Ⅱ"动画，拖动滑块设置动画的持续时间，点击✓按钮，如图 7-60 所示。

步骤 21　在下方点击"贴纸"按钮🕐，在打开的界面中选择贴纸图像，然后点击✓按钮，如图 7-61 所示。

步骤 22　为贴纸图像添加所需的动画样式，并对图片素材、文本和贴图进行修剪，如图 7-62 所示。

步骤 23　将时间线定位到两段素材的转场位置，然后在下方点击"音效"按钮🔊，如图 7-63 所示。

图7-62 修剪素材

图7-64 选择音效

图7-63 点击"音效"按钮

图7-65 调整音乐位置

步骤 24 在打开的界面中选择"机械"选项卡，选择"拍照声1"音效，点击右侧的"使用"按钮，然后点击☑按钮，如图7-64所示。

步骤 25 长按音效素材，将其拖至合适的位置，如图7-65所示。

步骤 26 将时间线定位到最左侧，在下方点击"音乐"按钮🎵，在打开的界面中选择所需的音乐，在此选择"抖音收藏"选项卡，选择在抖音App中收藏的音乐，然后点击"使用"按钮，如图7-66所示。

步骤 27 将时间线定位到视频最后的位置，选择音乐文件，在下方点击"分割"按钮Ⅱ分割素材，然后选择右侧的素材，将其删除，如图7-67

所示。至此，该创意拍照视频制作完毕。

制作这种卡点视频，具体操作方法如下。

步骤01 启动剪映 App，并添加多段视频素材，然后在下方点击"音乐"按钮，如图 7-68 所示。

图7-66 添加音乐

图7-68 点击"音乐"按钮

步骤02 在打开的界面中选择要使用的音乐，点击"使用"按钮，如图 7-69 所示。

图7-69 选择音乐

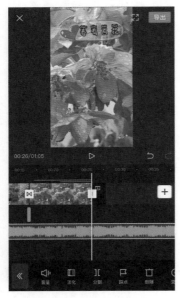

图7-67 修剪音乐素材

7.4.2 制作抖音卡点视频

在抖音上有一种音乐卡点视频很受欢迎，时长为 10～30 秒，由多段视频或照片配合动感十足的背景音乐踩点展现，颇具时尚大片感。在剪映 App 中可以轻松

制作抖音卡点视频

步骤03 关闭视频原声，选中添加的音乐，然后在下方点击"踩点"按钮，如图 7-70 所示。

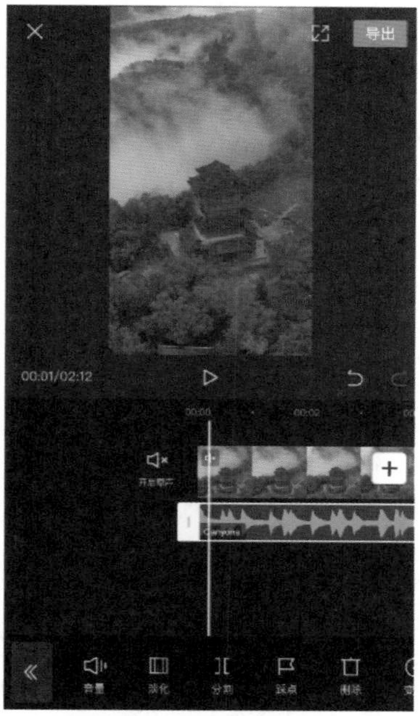

步骤05 移动时间轴，将时间线定位到踩点位置，然后修剪视频素材的末端到踩点位置，如图7-72所示。在修剪视频素材前，可以根据需要对视频素材进行变速处理。

图7-70 点击"踩点"按钮

步骤04 开启"自动踩点"选项，即可自动添加踩点。点击需要的节拍选项，在此点击"踩节拍1"按钮。若觉得踩点比较密集，需要删除不需要的踩点，可以移动时间轴，将时间线定位到踩点上，然后点击"删除点"按钮。踩点设置完成后，点击右下方的▼按钮，如图7-71所示。

图7-72 修剪视频素材的末端到踩点位置

步骤06 采用同样的方法，修剪其他视频素材，如图7-73所示。

图7-71 设置自动踩点

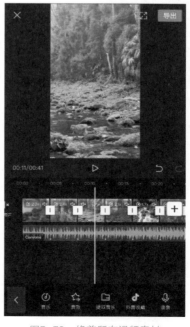

图7-73 修剪所有视频素材

步骤07 点击视频素材之间的 ┃ 按钮，在打开的界面中选择"推近"转场效果，点击左下方的"应用到全部"按钮⬛，然后点击右下方的☑️按钮，如图 7-74 所示。

图7-74 添加转场效果

步骤08 除了为视频素材添加转场效果外，还可添加入场动画。选中视频素材，点击下方的"动画"按钮▶️，在打开的界面中选择所需的入场动画，并调整动画时长。设置完成后，播放视频到下一个视频素材，继续添加所需的入场动画，添加完成后点击右下方的☑️按钮，如图 7-75 所示。

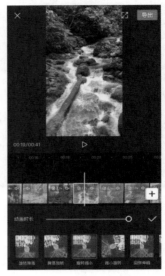

图7-75 添加入场动画

课后习题

1. 打开"素材文件 \ 第 7 章 \ 习题 \ 快剪辑"文件，使用快剪辑 App 编辑视频素材。
2. 打开"素材文件 \ 第 7 章 \ 习题 \ 巧影"文件，使用巧影 App 编辑视频素材。
3. 打开"素材文件 \ 第 7 章 \ 习题 \ 剪映"文件，使用剪映 App 编辑视频素材。

第8章

抖音短视频制作实战

8

当下最火的短视频社交平台无疑就是抖音，它已经从一款单纯的娱乐工具变成备受用户追捧的创意视频社交平台。抖音操作简单，容易上手，只要有好的作品，就能获得粉丝的关注、点赞与好评。无论是个人还是企业，都能通过抖音进行快速展示与曝光，甚至获得巨大的流量。本章将介绍抖音短视频的拍摄方法，以及抖音短视频的后期处理方法。

学习目标

- 掌握设置抖音美化功能的方法。
- 掌握抖音分段拍摄、添加背景音乐的方法。
- 掌握使用快/慢速拍摄、变焦拍摄、使用道具拍摄的方法。
- 掌握抖音倒计时拍摄、合拍、抢镜的方法。
- 掌握制作抖音卡点视频的方法。
- 掌握为抖音短视频添加特效、贴纸、文字，以及自动识别字幕的方法。

8.1 拍摄抖音短视频

抖音是一款可以拍摄音乐创意短视频并带有社交分享平台的App，拍摄抖音短视频非常简单，利用一部手机并融入一些创意，就可以进行抖音短视频的拍摄与创作。下面将详细介绍如何使用抖音中的拍摄功能拍摄短视频。

→ 8.1.1 设置美化功能

通过应用抖音的美化功能，可以为视频画面添加丰富的滤镜效果，或者为人物添加美颜效果。许多专业的抖音短视频内容创作者对视频拍摄时的滤镜和美颜功能的应用是十分看重的。

设置抖音美化功能的具体操作方法如下。

步骤 01 打开抖音 App，点击下方的 ⊕ 按钮，如图 8-1 所示。

图8-1 点击 ⊕ 按钮

步骤 02 进入拍摄模式，在右侧点击"滤镜"按钮 ⬡，如图 8-2 所示。

步骤 03 在打开的界面中选择需要的滤镜效果，如"年华"，如图 8-3 所示。

图8-2 点击"滤镜"按钮

图8-3 选择滤镜效果

步骤 04 除了可以在滤镜列表中选择滤镜效果外，还可以使用手指在拍摄界面中左右滑动切换滤镜，如图 8-4 所示。

步骤 05 在右侧点击"美化"按钮 ✐，打开"美颜"界面，从中可以对"磨皮""瘦脸""大眼""口红""腮红"等功能进行调整，如点击"瘦脸"按钮，可拖动滑块调整强度，如图 8-5 所示。

图8-4　滑动手指切换滤镜

图8-5　使用美颜

8.1.2　分段拍摄

使用抖音拍摄视频时，可以一镜到底持续地进行拍摄，也可以在拍摄中暂停，更换道具或转换镜头后再继续拍摄。例如，要想实现空水杯瞬间盛满水的画面效果，可以先拍摄一个空水杯并暂停拍摄，然后给水杯装满水后再继续拍摄。

通过分段拍摄可以制作出颇具创意的短视频作品，具体操作方法如下。

步骤 01　打开抖音，并进入拍摄界面，在下方

选择"拍60秒"选项，然后点击"拍摄"按钮■，如图8-6所示。

图8-6　选择拍摄时长

步骤 02　在拍摄过程中，点击■按钮，即可完成第1段视频的拍摄，在界面上方会显示黄色的进度条，若在拍摄过程中出现失误，可以点击❌按钮，及时删除该段视频，如图8-7所示。在进行分段拍摄时，还可以长按"拍摄"■按钮进行拍摄，松开按钮即可暂停拍摄。

图8-7　拍摄第1段视频

步骤 03　点击右侧的"翻转"按钮◎，或者轻点两下屏幕，可以切换到前置摄像头进行自拍，如图 8-8 所示。继续拍摄其他各段视频，拍摄完成后，点击右下方的✔按钮。

图8-8　翻转镜头

步骤04 进入视频编辑界面，点击"画质增强"按钮，可以增强画面画质。若要对拍摄的视频片段进行调整，可以点击"剪辑"按钮，在弹出的提示信息框中点击"继续"按钮，如图8-9所示。

图8-9　点击"剪辑"按钮

步骤05 拖动视频条两侧的边框，可以调整视频的开始和结束时间。在下方长按片段并拖动，可以调整其播放顺序。若要编辑单个片段，可以点击视频片段，如图8-10所示。

图8-10　点击视频片段

步骤06 在打开的界面中调整视频片段的开始和结束位置，然后点击右下方的按钮。若要取消编辑操作，可以点击左下方的按钮。点击删除按钮，可以删除该视频片段。若要重新拍摄该视频片段，可以点击"重拍"按钮，如图8-11所示。

图8-11　编辑视频片段

步骤07 编辑完毕后，在视频编辑界面中点击"下一步"按钮，进入"发布"界面。输入视频标题，点击"#话题"按钮可以添加话题，点击"@好友"按钮，可以选择通知抖音好友。

步骤 08 点击视频封面，如图 8-12 所示。进入"选封面"界面，在下方视频条上拖动白色方框，选择要作为封面图的画面，然后点击右上方的 ✔ 按钮，如图 8-13 所示。

图8-12　点击视频封面

图8-13　选择视频封面

步骤 09 根据需要添加位置，设置"谁可以看"，然后在下方点击"发布"按钮，即可将拍摄的视频发布到抖音，如图 8-14 所示。点击"草稿"按钮，可将视频保存到本地草稿箱中。

图8-14　保存草稿

➜ 8.1.3　添加背景音乐

抖音作为一款音乐创意短视频 App，为抖音视频添加背景音乐是不能缺少的一步，这样可以让视频作品更加生动、有趣、感人。要为视频添加背景音乐，既可以在拍摄视频时添加，也可以在编辑视频时添加配乐，具体操作方法如下。

步骤 01 在抖音拍摄界面上方点击"选择音乐"按钮，进入"选择音乐"界面，在"歌单分类"右侧点击"查看全部"，如图 8-15 所示。

图8-15　点击"查看全部"

步骤02 进入"歌单分类"界面，点击"卡点"类别，如图8-16所示。

图8-16 选择歌单分类

步骤03 滑动手指查看音乐列表，选择要使用的背景音乐，然后点击"使用"按钮，如图8-17所示。点击☆按钮，可以收藏音乐。

图8-17 选择背景音乐

步骤04 选择背景音乐后，在拍摄界面右侧点击"剪音乐"按钮 ，在打开的界面中左右拖动声谱剪取音乐，如图8-18所示。

图8-18 剪取音乐

步骤05 此外，在浏览抖音短视频时，若遇到自己喜欢的视频配乐，可以点击界面右下方的音乐碟片，如图8-19所示。

图8-19 点击音乐碟片

步骤06 在打开的界面上方点击"收藏"按钮，即可收藏该配乐，如图8-20所示。点击下方的"拍同款"按钮 ，即可使用该配乐拍摄视频。

步骤07 为视频添加配乐时，也可以在视频编辑界面中进行添加，单击左下方的"选配乐"按钮 ，如图8-21所示。

步骤08 在打开的界面中点击"收藏"分类，然后选择收藏的配乐，如图8-22所示。

图8-20　收藏配乐

图8-21　点击"选配乐"按钮

图8-22　选择收藏的配乐

步骤 09　在下方点击"音量"按钮，分别调整视频原声和配乐的音量，如图8-23所示。

图8-23　调整音量

8.1.4　使用快/慢速拍摄

在拍摄视频时，使用快/慢镜头是经常用到的一种手法，以形成突然加速或者突然减速的视频效果。在抖音中也可以通过"快慢速"功能控制视频速度，具体操作方法如下。

步骤 01　在抖音拍摄界面中选择"拍60秒"选项，在上方点击"选择音乐"按钮，进入"选择音乐"界面。在"我的收藏"中选择收藏的背景音乐，然后点击"使用"按钮，如图8-24所示。

图8-24　选择音乐

步骤 02 选择背景音乐后，可以看到拍摄时长变为背景音乐的时长，如图 8-25 所示。

图8-25 查看拍摄时长

步骤 03 在右侧点击"快慢速"按钮 ，在弹出的选项中选择"快"选项，点击"拍摄"按钮 ，即可进行"快"模式拍摄，如图 8-26 所示。

图8-26 使用"快"模式拍摄

在进行快慢速拍摄时，当将镜头速度调整为"极快"拍摄时，视频录制的速度却是最慢的；当将镜头速度调整为"极慢"拍摄时，视频录制的速度却是最快的。其实，这里所说的速度并非是我们看到的进度快慢，而是镜头捕捉速度的快慢。需要注意的是，在拍摄过程中若随意切换快慢速度，可能会导致视频出现卡顿现象。

→ 8.1.5 变焦拍摄

在拍摄抖音短视频的过程中，可以通过变焦拍摄改变被摄物体的景别，推远可观看其全貌，拉近可观看其近貌和特写。变焦拍摄抖音短视频的具体操作方法如下。

步骤 01 进入抖音拍摄界面，按住"拍摄"按钮 开始拍摄，如图 8-27 所示。

图8-27 开始拍摄

步骤 02 按住"拍摄"按钮并向上拖动，即可实现镜头变焦，拉近远处的景物，如图 8-28 所示。

图8-28 镜头变焦

→ 8.1.6 使用道具拍摄

在拍摄抖音短视频时，使用道具拍摄可以美化视频，产生生动有趣、颇具创意的视频效果，给观众带来别具特色的视觉体验。下面介绍如何在抖音中使用道具拍摄带有特效的视频，具体操作方法如下。

步骤 01 进入抖音拍摄界面，点击左下方的"道具"按钮，打开道具列表。点击"热门"分类，选择所需的道具，即可下载并应用该道具特效，如图 8-29 所示。点击道具列表左上方的★按钮，可以收藏道具。

图8-29 选择道具

步骤 02 每种道具都有其特殊的用法，选择道具后在屏幕上会显示其用法提示。如人物点一下头，该道具显示动态效果，如图 8-30 所示。

图8-30 使用道具

步骤 03 在道具列表中点击"滤镜"分类，选择所需的滤镜道具，在拍摄界面中即可看到滤镜效果，如图 8-31 所示。

图8-31 应用滤镜道具

步骤 04 在浏览抖音短视频时，若某短视频使用了道具，在用户名上方将显示该道具名称，点击该道具名称，如图 8-32 所示。

图8-32 点击道具名称

步骤 05 在打开的界面中点击"收藏"按钮，可以收藏道具；点击下方的"拍同款"按钮，即可使用该道具进行拍摄，如图 8-33 所示。

步骤 06 此外，点击抖音短视频右侧的"分享"按钮，在打开的界面中点击"同款道具"按钮，也可以快速使用该道具进行拍摄，如图 8-34 所示。

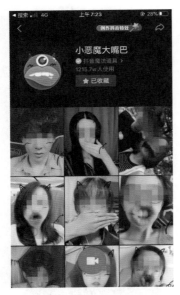

图8-33 收藏道具

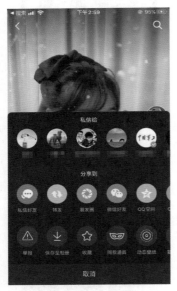

图8-34 点击"同款道具"按钮

→ 8.1.7 倒计时拍摄

使用"倒计时"功能可以实现自动暂停拍摄，以设计多个拍摄片段，并且可以通过设置拍摄时间来卡点音乐节拍，具体操作方法如下。

步骤 01 在抖音拍摄界面中选择"拍60秒"选项，在上方点击"选择音乐"按钮，进入"选择音乐"界面，找到需要的音乐点击其右侧的"使用"按钮，如图8-35所示。

图8-35 选择音乐

步骤 02 在拍摄界面右侧点击"倒计时"按钮，在打开的界面中拖动时间线，设置第1段视频的拍摄停止时间，然后点击"倒计时拍摄"按钮，开始进行拍摄，如图8-36所示。

图8-36 设置第1段停止时间

步骤 03 拍摄完成后，再次点击"倒计时"按钮，拖动时间线，设置第2段视频的拍摄停止时间，点击"倒计时拍摄"按钮开始拍摄，如图8-37所示。采用同样的方法，依次逐个进行拍摄。在设置停止时间时，要根据背景音乐的节奏进行设置。

图8-37　设置第2段停止时间

8.1.8　合拍视频

利用抖音的"合拍"功能可以在一个视频界面中同时显示他人拍摄的视频。当遇到有趣的视频时，可以使用"合拍"功能进行合拍，具体操作方法如下。

步骤 01　点击抖音短视频右侧的"分享"按钮，如图 8-38 所示。

图8-38　点击"分享"按钮

步骤 02　在打开的界面中点击"合拍"按钮，如图 8-39 所示。

图8-39　点击"合拍"按钮

步骤 03　进入分屏合拍界面，左侧为正常拍摄画面，右侧为合拍视频，点击"拍视频"按钮，开始合拍视频，如图 8-40 所示。需要注意的是，不是所有视频都可以使用"合拍"功能，在合拍时也无法录制自己的声音或者更换音乐。

图8-40　拍摄合拍视频

8.1.9　抢镜拍摄

抢镜拍摄与合拍视频类似，是作为一个浮动窗口与抖音短视频合成在一起的，既可以与自己喜欢的视频进行抢镜合拍，也可以与喜欢的视频抢镜合唱，具体操作方法如下。

步骤 01　在抖音播放界面右上方点击"搜索"按钮，搜索"抢镜"，选择要抢镜合唱的视频，如图 8-41 所示。

图8-41 选择抢镜视频

步骤 02 打开视频播放界面，点击右侧的"分享"按钮 ，如图 8-42 所示。

图8-42 点击"分享"按钮

步骤 03 在打开的界面中点击"抢镜"按钮 ，如图 8-43 所示。

步骤 04 进入抢镜拍摄界面，此时原视频变为一个小窗口出现在拍摄界面中，根据需要进行拍摄设置，如使用道具，点击"拍摄"按钮 ，开始进行抢镜拍摄，如图 8-44 所示。

步骤 05 还可以在浏览抢镜视频时，在抖音视频标题中点击"＃抢镜"话题文字，参与"＃抢镜"话题，创作更多类型的抢镜合拍视频，点击"收藏"按钮 ，可以收藏话题，如图 8-45 所示。

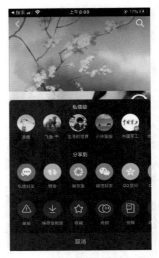

图8-43 点击"抢镜"按钮

图8-44 抢镜拍摄

图8-45 参与"＃抢镜"话题

8.2 抖音短视频后期处理

抖音 App 中内置了很多剪辑特效,即使剪辑小白也能轻松上手。视频拍摄完成后,可以直接通过抖音进行后期处理,如制作卡点视频、添加特效、添加贴纸、添加文字,以及自动识别字幕等。

→ 8.2.1 制作卡点视频

使用抖音可以一键生成炫酷的卡点视频,具体操作方法如下。

步骤 01 在抖音拍摄界面中点击"上传"按钮,在打开的界面中点击左下方的"多段视频"按钮 🖸,如图 8-46 所示。

图8-46 点击"多段视频"按钮

步骤 02 依次点击视频添加多个视频,然后点击右上方的"下一步"按钮,如图 8-47 所示。

步骤 03 在打开的界面中点击"音乐卡点",然后点击"更多"按钮 🔍,如图 8-48 所示。

步骤 04 进入"更换音乐"界面,点击"卡点"分类,如图 8-49 所示。

步骤 05 选择需要的卡点音乐,然后点击"使用"按钮,如图 8-50 所示。

步骤 06 返回"音乐卡点"界面,点击"调整视频片段"按钮,如图 8-51 所示。

图8-47 选择视频

图8-48 点击"更多"按钮

图8-49 点击"卡点"分类

图8-50 选择卡点分类

图8-51 调整视频片段

步骤07 点击"一键调整"按钮，预览卡点视频效果。长按视频片段并拖动，可以调整播放顺序。若要编辑视频片段，可以点击视频片段，如图 8-52 所示。

图8-52 点击视频片段

步骤08 进入视频片段编辑界面，左右拖动视频条选取视频片段，然后点击右下方的按钮，如图 8-53 所示。编辑完成后，可以再次点击"一键调整"按钮进行自动调整。

图8-53 选取视频片段

步骤09 点击"下一步"按钮，进入视频编辑界面，点击"画质增强"按钮，增强视频画质，如图 8-54 所示。

图8-54 点击"画质增强"按钮

→ 8.2.2 添加特效

为网络短视频添加抖音特效，可以使其显示效果更加炫酷，更具创意，给观众带来绝佳的视觉体验。为短视频添加特效的具体操作方法如下。

步骤01 使用抖音拍摄或者上传短视频，在视频编辑界面下方点击"特效"按钮，如图 8-55 所示。

图8-55 点击"特效"按钮

步骤02 进入特效界面，其中包含"梦幻""自然"和"动感"等类型的滤镜效果。在视频条上拖动时间线选择位置，然后按住所需的滤镜按钮，开始播放视频并应用滤镜特效，松开手指停止应用滤镜特效，如图 8-56 所示。

图8-56 应用滤镜特效

步骤03 在下方点击"转场"按钮，将时间线拖到两个视频片段中间，然后点击选择所需的转场按钮，即可应用转场特效，如图 8-57 所示。

步骤04 在下方点击"分屏"按钮，拖动时间线选择位置，然后按住"四屏"按钮，即可应用分屏特效，如图 8-58 所示。

步骤05 在下方点击"装饰"按钮，选择所需的装饰效果，如点击"熊猫"按钮，然后在视频条上调整使用范围，将自动识别视频中人物的脸部并应用该特效，如图 8-59 所示。

图8-57 应用转场特效

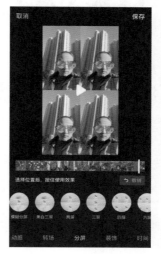

图8-58 应用分屏特效

图8-59 应用装饰特效

步骤06 在下方点击"时间"按钮,可以看到"时光倒流""反复""慢动作"三种时间特效,在此点击"慢动作"按钮,将绿色滑块拖至要产生慢镜头的位置,即可应用该特效,如图8-60所示。

图8-60 应用时间特效

8.2.3 添加贴纸

贴纸是抖音的一大利器,充满娱乐性和趣味性,是视频内容创作的形式之一。在抖音短视频中添加贴纸的具体操作方法如下。

步骤01 在抖音拍摄界面中点击"上传"按钮,在打开的界面中点击左下方的"多段视频"按钮 ⓞ,选择要上传的视频,然后点击右上方的"下一步"按钮,如图8-61所示。

图8-61 选择上传视频

步骤02 在打开的界面中点击"普通模式"按钮,在下方点击第1段视频,如图8-62所示。

图8-62 点击"普通模式"按钮

步骤03 点击 ⓒ 按钮启用快慢速,然后点击"慢"选项,拖动视频条两侧的边框修剪视频,点击右下方的 ✅ 按钮,如图8-63所示。

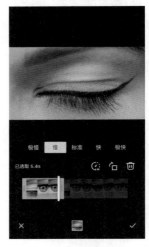

图8-63 修剪视频

步骤04 点击"下一步"按钮,进入视频编辑界面,在下方点击"选配乐"按钮 ♫,如图8-64所示。

步骤05 在打开的界面下方点击"音量"按钮,调整视频原声音量为0,如图8-65所示。

步骤06 在下方点击"贴纸"按钮 ◲,在打开的界面中选择"贴图"类别,然后点击"歌词"贴图,如图8-66所示。

图8-64　点击"选配乐"按钮

图8-65　设置原声音量

图8-66　点击"歌词"贴图

步骤 07　进入"选择音乐"界面，选择音乐，然后点击其右侧的"使用"按钮，如图8-67所示。

图8-67　选择音乐

步骤 08　此时，即可自动生成该音乐的歌词。拖动歌词调整其位置，然后设置其样式，如图8-68所示。

图8-68　设置歌词样式

步骤 09　继续在视频中添加其他所需的贴纸，双指捏合贴纸素材可以调整贴纸大小，双指旋转可以旋转贴纸方向。若要删除贴纸，可以按住贴纸将其拖至上方的"删除"按钮□上，如图8-69所示。

图8-69 删除贴纸

8.2.4 添加文字

在抖音中可以很方便地在短视频中添加文字，具体操作方法如下。

步骤01 在视频编辑界面下方点击"文字"按钮**Aa**，输入所需的文字，并设置文本格式，然后点击右上方的"完成"按钮，如图8-70所示。

图8-70 输入文字

步骤02 在视频中点击添加的文字，在弹出的菜单中点击"设置时长"按钮，如图8-71所示。

图8-71 点击"设置时长"按钮

步骤03 进入设置贴纸时长界面，拖动左右两侧的边框，调整文字的开始和结束位置，然后点击右下方的✓按钮即可，如图8-72所示。

图8-72 设置贴纸时长

8.2.5 自动识别字幕

在抖音中可以将视频中的人声自动识别为文字字幕，还可以根据需要对人声进行变调处理，具体操作方法如下。

步骤01 在抖音中上传视频并进入视频编辑界面，在右侧点击"自动字幕"按钮，如图8-73所示。

图8-73 点击"自动字幕"按钮

步骤02 此时，即可自动识别视频中的人声并生成字幕。查看字幕中是否有识别错误的文字，然后点击"编辑"按钮，如图8-74所示。

图8-74 点击"编辑"按钮

步骤03 对字幕中识别错误的文字进行修改，然后点击右上方的按钮，如图8-75所示。

步骤04 在生成的字幕中点击按钮，设置字幕样式，如图8-76所示。

步骤05 在视频编辑界面右侧点击"变声"按钮，在打开的界面中选择所需的变声效果，即可应用该变声效果，如图8-77所示。

图8-75 修改字幕

图8-76 设置字幕样式

图8-77 应用变声效果

课后习题

1. 使用抖音 App 分段拍摄短视频。
2. 使用抖音 App 快速拍摄模式，拍摄音乐卡点视频。
3. 打开"素材文件\第 8 章\习题\抖音"文件，使用抖音 App 编辑视频素材。

第9章

商品视频制作实战

目前，网店平台中的很多图文内容正在被更直观、更生动的视频所取代，通过视频能够让买家快速了解产品的特点、功能与品牌理念等，迅速吸引买家的兴趣，让其产生购买的意愿。而对于卖家来说，他们可以通过视频更清晰地描述商品的卖点，并在前台进行充分的展示。本章将介绍商品视频的作用及类型，以及商品视频的拍摄和制作方法。

学习目标

- 了解商品视频的作用及类型。
- 掌握商品视频的拍摄方法。
- 掌握主图视频的制作方法。

9.1 商品视频：让买家多感官体验商品

商品视频可以帮助卖家全方位地宣传商品，它替代了传统的图文表达形式，虽然只有短短的十几秒或几十秒的时间，却能让买家非常直观地了解商品的基本信息和设计亮点，多感官体验商品，从而节约买家进行咨询的时间，有助于让买家快速下单。

➡ 9.1.1 商品视频的作用

商品视频的主要作用如下。

1. 增强视听刺激，激发购买欲

商品视频是以影音结合的方式，用最小的篇幅和最短的时间将商品的重要信息完美地呈现出来，通过增强视听刺激来激发买家的购买欲。例如，一款眼影原本并不是买家的备选商品，但由于感染力很强的商品视频（见图9-1）激发了买家的购买欲，促使其产生了购买冲动。

图9-1 眼影商品视频

2. 多方位、多角度地展示商品细节

网店通过视频来展示商品，可以真实地再现商品的外观、使用方法和使用效果等，比单纯的图片和文字更加令人信服，能够多方位、多角度地展示商品的细节特征。图9-2所示为某网店为其一款茶叶礼盒制作的视频广告，该视频通过完整的泡茶流程展示了冲泡过程中茶叶的变化和茶汤的颜色等，使买家能更充分地了解商品的细节。

3. 提供贴心、专业的服务

商品视频除了可以展示商品信息外，还可以展示商品的使用方法与相关注意事项等，也作为售后服务的一部分提供给买家，这样既解决了买家使用商品时遇到的问题，又能让买家感觉到卖家贴心、专业的服务，从而提升买家对店铺的满意度和忠诚度。

图9-2 茶叶商品视频

4．提高店铺商品转化率

对于网店来说，商品转化率通常是指浏览网店并产生购买行为的人数和浏览网店的总人数之间的比值。作为一种重要的商品展示新形式，商品视频能够有效地推广商品，达到提高商品转化率的目的。前面所讲的商品视频可以增强视听刺激，多方位、多角度地展示商品细节，提供贴心、专业的服务等，其实都是为提高商品转化率服务的。

9.1.2 常见商品视频的内容类型

目前，常见的商品视频的内容类型主要有主图视频、详情页视频、评论视频和内容视频等。

1．主图视频

主图视频是在网店主图位置所展示的短视频，以影音动态呈现商品信息，能够在最短的时间内有效提升买家对商品的认知与了解，促使其做出购买的决定。主图视频不仅能够延长买家的停留时间，还能提高店铺购买转化率和静默下单比例。此外，因为主图视频是电商平台为提升客户体验添加的，所以受到平台的大力支持，已经成为衡量电商搜索权重的标志之一。

2．详情页视频

详情页视频就是在商品详情页中出现的视频，主要用来展示商品的特色与细节。例如，很多销售服装的卖家会在详情页视频中进行模特展示，让买家更加清楚地了解商品特色及商品细节。

3．评论视频

评论视频，也称用户型视频，拍摄主体不再是卖家，而是买家。买家在购买商品后拍摄视频进行反馈，这类视频在很大程度上会影响商品的销售。作为电商卖家，切不可低估评论的力量，许多买家在购买商品之前都会直奔评论区。因此，通过评论可以与买家建立情感联系，将视频与文字转化为销售利器。视频形式的好评可以增加商品的可信度，提高买家购物的信心。

4. 内容视频

内容视频，指的是电商平台特色频道中的视频。例如，淘宝中的淘宝头条、猜你喜欢、每日好店这些地方都可以通过视频进行商品展示，提高商品的曝光率。这类视频一般要求较高，需要制作精良，要有好的剧本和故事，由专业团队拍摄制作。当然，因为每个平台、每个频道的要求不同，所以对于这类视频的要求也不尽相同。

9.2 商品视频拍摄

随着数码产品的不断升级，商品视频的拍摄已经不再局限于摄像机，使用单反相机和手机都可以完成商品视频的拍摄。下面将介绍商品视频制作的流程、拍摄景别、拍摄角度和方向等。

9.2.1 商品视频拍摄流程

商品视频的拍摄流程包括四步，分别为了解商品特点、布置拍摄环境、视频拍摄与视频编辑，如图 9-3 所示。

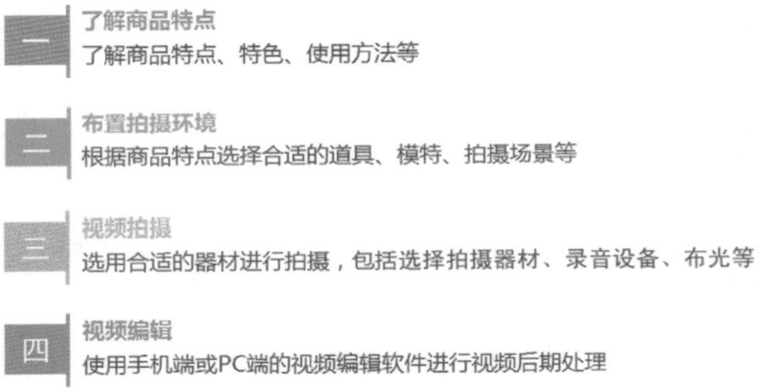

一　了解商品特点
　　了解商品特点、特色、使用方法等

二　布置拍摄环境
　　根据商品特点选择合适的道具、模特、拍摄场景等

三　视频拍摄
　　选用合适的器材进行拍摄，包括选择拍摄器材、录音设备、布光等

四　视频编辑
　　使用手机端或PC端的视频编辑软件进行视频后期处理

图9-3　商品视频拍摄流程

9.2.2 商品视频构图要素与构图法则

在拍摄商品视频时，拍摄的距离、角度、光线等因素不是一成不变的，可以根据具体情况随时进行调整。在进行商品画面构图时，需要注意以下四个要素。

1. 线条

线条一般是指视频画面所表现出的明暗分界线和形象之间的连接线，如地平线、道路的轨迹、排成一行的树木的连线等。根据线条所在位置的不同，可以将其分为外部线条和内部线条。外部线条是指画面形象的轮廓线，内部线条则是指被摄对象轮廓线范围以内的线条。

根据线条形式的不同，又可以分为直线与曲线。而直线又有水平线、垂直线和斜线之分，水平线容易产生宽阔之感，垂直线容易传达高耸、刚直之感；曲线指的是一个点沿着一定的方向移动并发生变向后所形成的轨迹。在进行商品视频的拍摄时,若能充分利用线条往往能收到不错的画面效果，如图 9-4 所示。

图9-4　线条

2. 色彩

作为影像画面的重要构成元素之一，色彩在商品拍摄构图中也有着举足轻重的地位和作用。通过对商品拍摄色彩的设计、提炼、选择与搭配，能够使商品视频拥有良好的艺术效果，让人记忆深刻，如图 9-5 所示。

图9-5　色彩

3. 光线

光线是影响视频画面构图的基础和灵魂。在选择与处理光线时，必须充分考虑画面在表现空间、方位等的变化时对画面光影结构的影响。商品视频的拍摄对光线的要求很复杂，光线随着环境、被摄主体、机位甚至光位的变化直接影响着画面的造型效果，如图 9-6 所示。

图9-6　光线

4. 影调

影调是指画面中的影像所表现出的明暗层次和明暗关系，它是处理画面造型、构图，以及烘托气氛、表达情感、反映创作者创作意图的重要手段。在拍摄商品视频时，画面中亮的景物多、占的面积大，会给人以明朗之感；画面中暗的景物多，会给人沉闷之感，如图 9-7 所示。如果商品视频画面明暗适中、层次丰富，就接近于人们生活中通常所见带来的视觉感受，这样更容易打动买家。

图9-7 影调

要想让自己拍摄的商品视频更加美观，需要对商品本身和周围布景、景物进行仔细的观察，明确自己拍摄的主体是什么，以及想为商品视频营造怎样的风格与氛围等。

在进行商品视频拍摄取景时，要遵循以下构图法则。

1. 主体明确

画面构图的主要目的是突出主体，所以在进行商品视频拍摄画面的构图时，一定要将主体放在醒目的位置上。按照人们通常的视觉习惯，可以让主体位于画面的中心位置，这样更容易突出主体，如图 9-8 所示。

图9-8 主体明确

2. 主体陪衬

如果拍摄的画面中只有一个商品的形象，未免有些单薄。再好的商品也需要衬托，在拍摄时可以通过背景和装饰物等进行陪衬，以突出主体商品，如图 9-9 所示。但是，切记要主次分明，不要让陪衬物品抢占了主体商品的风头。

图9-9 主体陪衬

3. 合理布局

拍摄画面中的物品不是随便摆放就能达到美观的视觉效果，需要让主体和陪衬物品在画面中进行合理的分布，也就是画面的合理布局。通过利用对称构图法、九宫格构图法、三角形构图法、中心构图法等进行精心的构图设计，能够使画面显得更有章法，主体也会变得更加突出，如图9-10所示。

图9-10 合理布局

4. 场景衬托

将拍摄主体放在合适的场景中，不仅能够突出主体，还可以给画面增加浓重的现场感，显得更加真实可信，如图9-11所示。

图9-11 场景衬托

5．画面简洁

虽然拍摄主体商品时需要利用背景与装饰物品进行衬托，但也要力求画面简洁，避免杂乱无章。因此，在拍摄商品视频时，要敢于舍弃一些不必要的装饰，这样才能突出表现主体商品。

如果遇到比较杂乱的背景，可以采取放大光圈的方法，让后面的背景模糊不清，从而达到突出主体商品，使画面更简洁的目的，如图 9-12 所示。

图9-12　画面简洁

→ 9.2.3　商品拍摄景别

在拍摄商品视频时，需要展现商品的整体形象、不同角度的外观，以及内部细节等，所以经常需要采用全景、中景、近景、特写等不同的景别进行拍摄。

1．全景

全景主要用于展现所拍摄商品的全貌及周围环境的特点，有较为明显的主体，要求景深较大，如图 9-13 所示。

图9-13　全景拍摄

2．中景

中景一般用于表现人与物、物与物之间的关系，偏重于动作姿势，如图 9-14 所示。

图9-14　中景拍摄

3. 近景

近景往往是对商品的主要外观进行细腻的刻画，多用于商品的多角度展示，如图9-15所示。

图9-15　近景拍摄

4. 特写

特写以表现商品局部为主，可以对商品内部结构或局部细节进行突出展示，用于体现商品的材质和质量等，如图9-16所示。

图9-16　特写拍摄

➡ 9.2.4　拍摄方向与拍摄角度

拍摄方向的变化是指以被摄主体为中心，摄影机在水平位置上的前、后、左、右位置的变化。有时也可以改变被摄主体的方向，以获得不同方向的拍摄效果。以服装拍摄为例，可以请服装模特改变身体朝向与姿势，以获得不同方向的拍摄效果。

拍摄方向主要有正面、前侧面、侧面、背面等，通过选择不同的拍摄方向可以多方位地展示商品，如图9-17所示。

正面：展示服装特征　　前侧面：表现服装结构　　侧面：展现服装线条　　背面：展示服装背面

图9-17　不同的拍摄角度

在拍摄方向不变的前提下，通过改变拍摄的高度可以使画面的透视关系发生改变。高度的变化会使拍摄角度发生变化，常常用到的有平视、仰视、俯视等拍摄角度。在拍摄真人模特时，选择不同的拍摄角度，可以使所拍摄的画面产生不同的构图艺术效果。

拍摄高度的选择要根据所要表现的主体商品和周围的环境来确定。例如，在服装视频拍摄中，常常采用平视角度拍摄上衣、裙装，采用仰视角度拍摄裤子、靴子等，采用俯视角度拍摄内衣等商品。

9.3 淘宝主图视频制作

下面将介绍如何在 Premiere 中对拍摄的淘宝主图视频进行制作，包括通过视频对商品外观进行多角度的展示，通过细节特写展示商品卖点，并通过模特来展示商品的应用场景等。

→ 9.3.1 导入并修剪素材

导入并修剪
素材

视频拍摄完毕后，将视频、音频素材及图片导入 Premiere 程序中，然后根据背景音乐的节奏对素材进行修剪，具体操作方法如下。

步骤 01 新建项目并输入名称，如图 9-18 所示，然后单击"确定"按钮。

图9-18 新建项目

步骤 02 在"项目"面板中导入视频和音频素材，然后单击"新建项"按钮，在弹出的列表中选择"序列"选项，如图 9-19 所示。

步骤 03 弹出"新建序列"对话框，选择"设置"选项卡，在"编辑模式"下拉列表框中选择"自定义"选项，设置时基，设置"帧大小"为"750×1000"，如图 9-20 所示，然后单击"确定"按钮。

图9-19 新建序列

图9-20 自定义序列

步骤 04 在"项目"面板中双击背景音乐素材，在源监视器中预览素材，播放音频。当播放到音乐节奏点的位置时，按【M】键添加音频标记，如图 9-21 所示。添加标记完成后，将背景音乐素材拖至 A1 轨道。

图9-21 添加音频标记

步骤05 在"项目"面板中双击"视频片段（1）"素材，在源监视器中预览素材，如裁剪视频，则可标注标记入点和出点（见图9-22），拖动"仅拖动视频"按钮■到时间轴面板中的"视频1"轨道上。

图9-22 标记入点和出点

步骤06 在时间轴面板中依据音频素材上的标记修剪视频素材，如图9-23所示。

图9-23 修剪视频素材

步骤07 在菜单栏中单击"窗口"|"Lumetri 颜色"命令，打开"Lumetri 颜色"面板，调整"色调"参数，如图9-24所示。

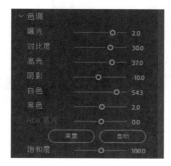

图9-24 调整"色调"参数

步骤08 在"效果"面板中找到"黑白"效果，并将其拖至视频素材上，在节目监视器中查看视频效果，如图9-25所示。

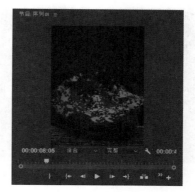

图9-25 查看视频效果

步骤09 在"项目"面板中双击"视频片段（2）"素材，在源监视器中预览素材，标记入点和出点（见图9-26），拖动"仅拖动视频"按钮■到时间轴面板中的"视频2"轨道上。

图9-26 标记入点和出点

步骤10 使用比率拉伸工具■修剪视频素材的入点和出点到音频标记的位置，如图9-27所示。

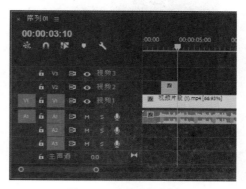

图9-27 修剪视频素材

步骤 11 采用同样的方法，继续将"视频片段（2）"素材的其他片段拖至"视频2"轨道并进行修剪，如图9-28所示。

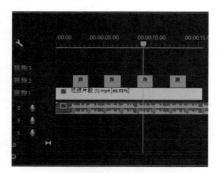

图9-28 继续添加视频素材

步骤 12 将时间线定位到音频素材第1个标记的位置，选择"视频1"轨道中的视频素材，按【Ctrl+K】组合键分割视频素材，如图9-29所示。

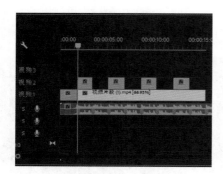

图9-29 分割视频素材

步骤 13 将分割后右侧的素材拖至第2个音频标记的位置，如图9-30所示。

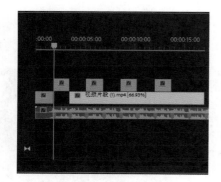

图9-30 移动视频素材

步骤 14 采用同样的方法，继续对"视频1"轨道中的素材继续进行分割并移动，然后修剪最右侧的素材，如图9-31所示。

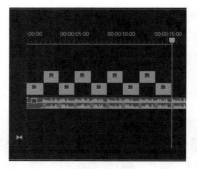

图9-31 修整素材

步骤 15 根据音频素材上的标记，将项目面板中的其他视频素材依次拖至"视频1"轨道上并进行修剪，如图9-32所示。

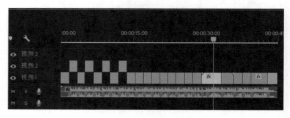

图9-32 添加其他视频素材

9.3.2 为视频添加效果

下面为时间线上的视频素材添加效果并进行调整，如调色、裁剪、调速、添加关键帧动画等，具体操作方法如下。

步骤 01 在"项目"面板中单击"新建项"按钮，在弹出的列表中选择"调整图层"选项，如图9-33所示。

图9-33 新建调整图层

步骤 02 将调整图层拖至时间轴面板中的视频素材上方，并修剪调整图层的长度，如图9-34所示。

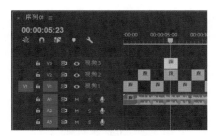

图9-34　添加调整图层

步骤03　打开"Lumetri颜色"面板，调整"白平衡"和"色调"参数，如图9-35所示。

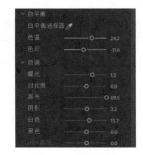

图9-35　调整颜色

步骤04　在节目监视器中查看视频素材调色效果，如图9-36所示。

图9-36　查看调色效果

步骤05　按住【Alt】键的同时拖动调整图层进行复制，将复制的调整图层拖至需要调色的视频素材上方，如图9-37所示。

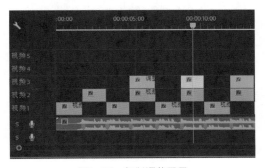

图9-37　复制调整图层

步骤06　在时间轴面板中选择"视频片段（8）"素材，在节目监视器中查看视频素材，如图9-38所示。

图9-38　查看视频素材

步骤07　在"效果"面板中将"裁剪"效果拖至视频素材上，在"效果控件"面板中设置裁剪效果，如图9-39所示。

图9-39　设置裁剪效果

步骤08　在时间轴面板中按住【Alt】键的同时向上拖动视频素材进行复制，如图9-40所示。

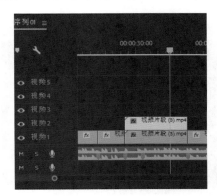

图9-40　复制视频素材

步骤09 在"效果控件"面板中分别调整上下轨道视频素材的纵坐标位置，在节目监视器中查看视频素材效果，如图9-41所示。

图9-41 查看视频素材效果

步骤10 在时间轴面板中将"视频片段（10）"素材拖至上层轨道，然后展开轨道，用鼠标右键单击素材左上方的 fx 按钮，在弹出的快捷菜单中选择"时间重映射"|"速度"命令，更改关键帧控件，如图9-42所示。

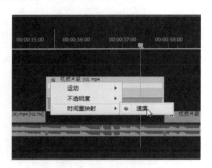

图9-42 更改关键帧控件

步骤11 根据音频中的节奏，在需要设置静止帧的位置添加关键帧，然后按住【Ctrl+Alt】组合键的同时向右拖动关键帧至静止帧结束的位置，如图9-43所示。

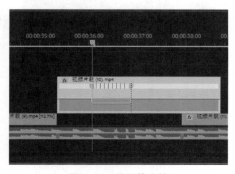

图9-43 设置静止帧

步骤12 修剪"视频片段（10）"素材的出点，然后将其拖至"视频1"轨道上，将调整图层拖至要添加效果的位置，然后在调整图层上添加"黑白"效果，如图9-44所示。

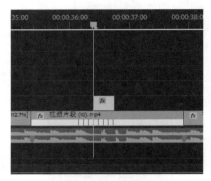

图9-44 添加调整图层

步骤13 在节目监视器中查看视频效果，如图9-45所示。

图9-45 查看视频效果

步骤14 利用速度关键帧线在最后的视频素材中添加两个关键帧，并向上拖动两个关键帧之间的时间线进行加速，如图9-46所示。

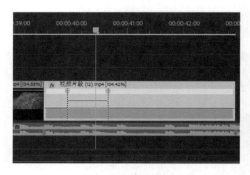

图9-46 调整速度

步骤15 根据音频节奏在视频素材上方添加调

整图层，然后为调整图层添加"Lumetri 颜色"效果，如图 9-47 所示。

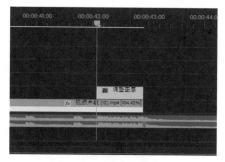

图9-47　添加调整图层

步骤 16　在"效果控件"面板中开启"曝光"关键帧动画，如图 9-48 所示，设置值为 1.5，制作画面频闪动画效果。

图9-48　添加"曝光"关键帧

→ 9.3.3　制作视频片尾

制作视频片尾

下面为主图视频制作片尾，即在所有视频剪辑播放完毕后呈现商品 Logo，具体操作方法如下。

步骤 01　在视频素材右侧添加图片素材并进行修剪，如图 9-49 所示。

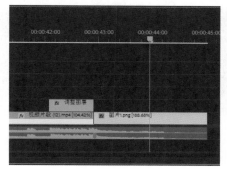

图9-49　添加并修剪图片素材

步骤 02　在节目监视器中查看图片素材，如图 9-50 所示。

图9-50　查看图片素材

步骤 03　在"效果控件"面板中开启"缩放"关键帧动画，添加关键帧，制作从小到大的缩放动画，如图 9-51 所示。

图9-51　制作"缩放"关键帧动画

步骤 04　为图片素材添加"VR 光线"的视频过渡效果，如图 9-52 所示。

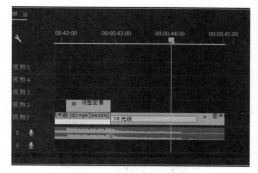

图9-52　添加视频过渡效果

步骤 05　在节目监视器中查看片尾效果，如图 9-53 所示。

图9-53　查看片尾效果

步骤 06　若无法预览 AR 过渡效果，则在菜单栏中单击"文件"|"项目设置"|"常规"命令，设置"渲染程序"为 GPU 加速，如图9-54所示。

图9-54　设置渲染程序

➜ 9.3.4　添加字幕

下面在主图视频中添加字幕，具体操作方法如下。

步骤 01　将时间线定位到开始位置，使用文字工具 **T** 在节目监视器中输入文字，如图9-55所示。

添加字幕

图9-55　输入文字

步骤 02　在"效果控件"面板中设置字体、大小、字距和颜色等参数，如图9-56所示。

图9-56　设置文字格式

步骤 03　在时间轴面板中修剪文字素材的长度，如图9-57所示。

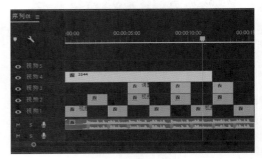

图9-57　修剪文字素材

步骤 04　在"效果控件"面板中制作"位置"和"缩放"关键帧动画，如图9-58所示。

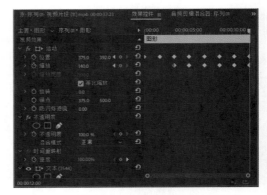

图9-58　制作关键帧动画

步骤 05　在时间轴面板中对文字素材进行分割，并删除不需要的部分，如图9-59所示。

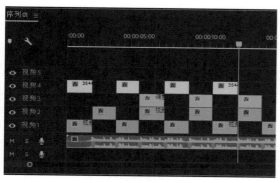

图9-59 修剪素材

图9-60 继续添加文字

步骤 06 使用文字工具 **T** 继续在视频片段上添加文字，并设置文字格式，如图9-60所示。

步骤 07 添加文字完成后，此时的时间轴面板如图9-61所示。在节目监视器中查看视频效果，如果没有问题即可将其导出。

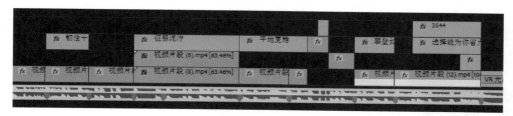

图9-61 时间轴面板

课后习题

1．简述商品视频的作用。
2．简述商品视频的构图要素与构图法则。
3．简述商品拍摄的常用景别。
4．打开"素材文件\第9章\习题"文件，使用提供的素材制作淘宝主图视频。

第10章
直播视频调试实战

当前，网络直播正在迅猛发展，直播行业已经成为新媒体时代的创业新风口，各行各业都争相入驻直播领域。很多网络主播借着直播的东风身价剧增，直播越来越受到大众瞩目。本章将引领大家认识直播视频、了解网络直播需要配置哪些设备，如何对直播间环境进行布置，以及如何选择直播拍摄角度等。

学习目标

- 了解直播视频的特点、类型，以及内容创作的方式。
- 了解室内直播与室外直播需要配置哪些设备。
- 掌握直播间的环境布置方法。
- 掌握直播拍摄角度的选择方法。

10.1 直播视频：内容生产新方式

直播视频凭借便捷、直观、真实、互动性强等优势迅速发展成为一种新兴的网络社交方式。随着5G时代的到来，直播视频越来越移动化、多元化，把更为丰富的真实场景和内容呈现在用户眼前。作为内容生产的新方式，网络直播视频已成为互联网时代媒介变革的新载体和新形态，在经济收入、用户数量等方面都呈现出猛烈增长的势头，成为巨额资本投资的焦点，同时也吸引了大量用户的涌入。

10.1.1 直播视频的特点

直播视频，即在线即时视频，在现场架设手机或摄像机，或使用（联合使用）独立的信号采集设备（包括音频和视频）导入导播端（即导播设备或平台），再通过网络上传至服务器，发布到网上供人观看。用户不仅可以在网上像看电视一样收看到实时的视频直播节目，还可以随时点播那些已经播出的精彩视频片段（需平台提供），随时再现现场盛况，真正享受个性化、周到的网络视频服务。

直播视频主要具有以下特点。

1. 具有双向互动性

直播视频具有传统媒体及微信、微博所不具有的实时互动的特点，这种实时互动不仅是主播与观众之间的互动，还可以是观众与观众之间的互动。直播视频的传播更加注重双向互动。在直播过程中，观众可以通过弹幕和"打赏"送礼物等方式向主播表达自己的喜爱，主播也会重点与送礼物的观众进行互动，通过视频画面解答观众提出的问题，实现文字、语音与视频同步传输。这种互动交流增强了观众自身的存在感和参与感，不仅创造了良好的传播效果，还增强了观众内心的归属感。

2. 目标观众明确，黏性强

每种直播视频都有自己固定的"粉丝群"，观众在选择直播视频时目标一般很明确，他们都会选择自己喜欢的人或者感兴趣的事物。例如，日前，央视"段子手"朱广权携手某主播直播引来1.2亿人围观，这场公益直播销售超过了4000万元。粉丝无不被朱广权出口成章的文采和口才所折服，无论是古典文化、历史事件、名人诗词等，主播都信手拈来，甚至有网友直呼："即使抢不到单，能免费上一次朱广权的网课也非常知足。"

观众或喜欢主播，或喜欢产品，才会观看直播，才会参与互动，才会购买产品。这样就会使直播平台的观众和主播和直播视频内容有着天然的联系，这种联系可不断增强粉丝的黏性。

3. 实时发布，直播方式灵活多样

直播视频弥补了微信、微博等在时间上存在的滞后性，观众能够直接从直播视频中感受到现场的气氛，了解实时动态。实时性是观众对于直播最直观的感受，它既可以拉近直播主体与观众之间的距离，也可以让观众感受到直播活动中的每一个环节，使其获得身临其境的感受。

另外，直播方式灵活多样，主要表现在以下三个方面。

（1）获取方式的多样性。不管是计算机还是移动设备，只要有网络，就可以获取各种各样的直播视频内容，或者进行网络视频直播。

（2）直播内容多样性。在移动互联网时代，每个人都可以成为网络视频直播内容生产者，无论吃饭、聊天、唱歌、跳舞、教学等都可以成为直播内容，直播内容的选择多种多样。

（3）网络直播打破了时空界限，人们可以根据自身需求随时随地观看直播视频，或者进行网络视频直播，符合现代人快节奏的生活方式。

4. 准入门槛低，突出主播个性化

直播视频准入门槛低，一般对主播出身、学历及直播风格、类型没有严格的要求，只要在直播平台进行实名认证注册账号提出申请，得到批准后就可以拥有自己的直播房间，保证内容真实、贴近生活，就可以进行自由直播，发表自己的观点，把跟自己有相同兴趣爱好的人汇聚在一起，进行沟通互动。

直播视频能够非常直观地凸显出主播的个性，激发观众的表达欲望，促进其分享传播，从而扩大粉丝数量，增加粉丝黏性，这是一种非常直接、更具传播效果的互动方式，能够满足当今人们更加个性化的需求。

5. "粉丝经济"效益高

在开放的直播视频互动平台中，主播是最受关注也是最重要的资源。主播背后的"粉丝群体"所带来的"粉丝经济"，为主播与平台提供了赖以生存的重要保障。

🡒 10.1.2 直播视频内容创作方式

直播视频内容是直播能否取得成功的关键因素，其实每一场直播都如同一场节目，观众看完直播后都会默默地在心里为主播打分。虽然直播视频内容多种多样、丰富多彩，但要想持续吸引粉丝关注，不断扩大粉丝数量，就需要认真创作直播视频内容，注重细节，完善环节。

直播视频内容的创作方式如下。

1. 明确运营方向，选择优质主题

主播首先要根据直播的观众找准运营方向，分析观众的需求，结合市场的发展和变化趋势，选择能够带动观众传播和促进观众分享的主题做直播，可以利用网络热点事件，这样既能吸引观众的眼球，提高关注度，快速"涨粉"，又能通过热点传播使自我品牌得到最大范围的扩散。

2. 个人 IP 情感化，引发观众共鸣

只有当直播内容刺中观众痛点，戳中观众痒点，使其产生依赖感，才能赢得观众的持续关注。个人 IP 情感化，就是为自己打造情感标签，因为情感是一切痛点的源头，根据自己的气质找到能与观众产生共鸣的点，架起情感连接的桥梁，引发观众情感共鸣，让其找到情感上的寄托，也可以将直播间场景化，以一种戏剧性的方式将直播内容幻化为生活场景，引发观众共鸣。

3. 重视细节，为观众制造惊喜

要想获得良好的口碑，激发观众主动分享，就必须超越观众的期待。这就要求主播要注重细节，在细节上让观众感受到贴心的关怀，获得既定内容以外的收获。

4. 保证优质的商品或服务

不管是以才艺展示为主的秀场打赏类直播，还是以商品销售为主的电商直播，最终目的都是为了促成交易。打赏型用户追求的是心理上的满足感，他们通过送出礼物换取主播的注意，从而获得愉悦感；而交易型用户是为了获得心仪的产品，那么，能够满足他们的就是优质的产品和周到的服务，让观众买单的最好利器就是服务和质量。优质的商品和服务才能为商家沉淀粉丝，带来长久持续效益。

5．换位思考，反向解构需求链

主播要从自身做起，经常换位思考，考虑作为观众最想从直播中获取什么，什么样的服务细节会令人满意、让人感动，从观众的角度反向解构需求链，找到答案并想办法给予满足。

10.2　配置专业的直播设备

"工欲善其事，必先利其器"，优质的直播效果离不开专业软硬件设备的支持。在直播之前，我们需要优选直播设备，并将其调试至最佳状态。根据直播环境的不同，可以将直播分为室内直播和户外直播两种，这两种直播所需的设备也有所区别。

10.2.1　室内直播的设备选择

通常来说，室内直播所需要的设备主要有以下几种。

1．单独的房间

做室内直播，首先需要有一个单独的、隔音效果好的房间，以免在直播中受到外界噪声的干扰，以致降低直播的质量。此外，主播要对房间环境进行适当的布置和装饰，以提升直播画面的视觉效果。

2．视频摄像头

视频摄像头是形成直播视频的基础设备，目前有带有固定支架的摄像头，也有软管式摄像头，还有可拆卸式摄像头。

带有固定支架的摄像头（见图10-1）可以独立置于桌面，或者夹在计算机屏幕上方，使用者可以转动摄像头的方向。这种摄像头的优势是比较稳定，有些带有固定支架的摄像头甚至自带防震动装置。

软管式摄像头带有一个能够随意变换、扭曲身形的软管支架，如图10-2所示。这种摄像头上的软管能够多角度自由调节，即使被扭成 S、L 等形状后仍然可以保持固定，可以让主播实现多角度的自由拍摄。

可拆卸式摄像头是指可以从底盘上拆卸下来的摄像头，如图10-3所示。单独的摄像头能够被内嵌、对接卡扣在底盘上，主播可以使用支架或其他工具将其固定在屏幕上方或其他位置。

图10-1　带有固定支架的摄像头　　　图10-2　软管式摄像头　　　图10-3　可拆卸式摄像头

3. 耳机

耳机可以让主播在直播时听到自己的声音，从而能够很好地控制音调、分辨伴奏等。一般来说，入耳式耳机和头戴式耳机比较常见，如图 10-4、图 10-5 所示。大多数主播会选择使用入耳式耳机，因为这种耳机不仅可以减轻头上被夹的不适感，还比较美观。

图10-4　入耳式耳机

图10-5　头戴式耳机

4. 话筒

除了视频画面外，直播时的音质也直接影响着直播的质量，所以话筒的选择也非常重要。目前，话筒主要分为动圈话筒和电容话筒两种。

（1）动圈话筒

动圈话筒（见图 10-6）最大的特点是声音清晰，能够将高音最为真实地进行还原。动圈话筒又分为无线动圈话筒和有线动圈话筒，目前大多数的无线动圈话筒都支持苹果及安卓系统。动圈话筒的不足之处在于其收集声音的饱满度较差。

（2）电容话筒

电容话筒（见图 10-7）的收音能力极强，音效饱满、圆润，让人听起来非常舒服，不会产生高音尖锐带来的突兀感。如果直播唱歌，就应该配置一个电容话筒。由于电容话筒的敏感性非常强，容易形成"喷麦"，所以使用时可以给其装上防喷罩。

图10-6　动圈话筒

图10-7　电容话筒

5. 声卡

声卡是直播时使用的专业的收音和声音增强设备，一台声卡可以连接 4 个设备，分别是话筒、伴奏用手机或 Pad、直播用手机和耳机，如图 10-8 所示。

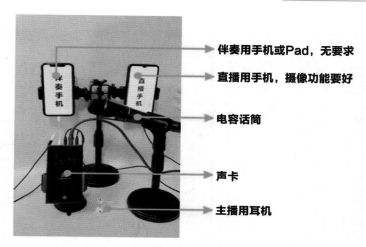

伴奏用手机或Pad，无要求

直播用手机，摄像功能要好

电容话筒

声卡

主播用耳机

图10-8 外置声卡

6. 灯光设备

为了调节直播环境中的光线效果，需要配置灯光设备，图 10-9 所示为环形补光灯，图 10-10 所示为八角补光灯。专业级直播需要配置专业的灯光组合，如柔光灯、无影灯、美颜灯等，以打造更加精致的直播画面。

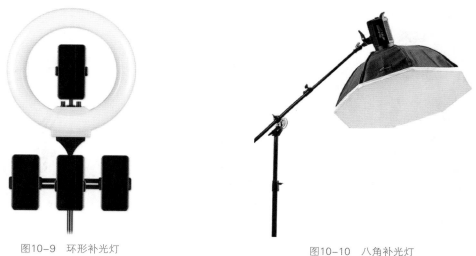

图10-9 环形补光灯

图10-10 八角补光灯

7. PC 端、手机

PC 端和手机可以用来查看直播间评论，与粉丝进行互动。其次，也可以用手机上的摄像头来拍摄直播画面。若要直播 PC 端屏幕上的内容，如直播 PPT 课件，可以使用 OBS 视频录制直播软件，如图 10-11 所示；若要直播手机屏幕上的内容，则可以在 PC 端上安装手机投屏软件，然后再进行 PC 端直播。

8. 支架

支架用来放置摄像头、手机或话筒，它既能解放主播的双手，让其可以做一些动作，也能增加摄像头、手机、话筒的稳定性。图 10-12 所示为摄像头三脚支架，图 10-13 所示为手机支架，图 10-14 所示为话筒支架。

图10-11 OBS视频录制直播软件工作界面

图10-12 摄像头三脚支架

图10-13 手机支架

图10-14 话筒支架

➡ 10.2.2 户外直播的设备选择

现在有越来越多的主播选择到户外进行直播，以求给观众带来不一样的视觉体验。户外直播面对的环境更加复杂，需要配置的直播设备主要有以下几种。

1. 手机

手机是户外直播的首选，但不是每款手机都适合做户外直播。进行户外直播的手机，CPU 和摄像头配置要高，可以选用中高端配置的苹果或安卓手机，只有 CPU 性能够强，才能满足直播过程中的高编码要求，也能解决直播软件的兼容性问题。

2. 上网流量卡

网络是户外直播首先要解决的问题，因为它对直播画面的流畅程度有着非常直接的影响。如果网络状况较差,就会导致直播画面出现卡顿现象,甚至出现黑屏的情况,严重影响观众的观看体验。因此,为了保证户外直播的流畅度,主播需要配置信号稳定、流量充足、网速快的上网流量卡。

3. 手持稳定器

在户外做直播,通常需要到处走动,一旦走动,镜头就会出现抖动,这样必定会影响观众的观看体验。虽然一些手机具有防抖功能,但防抖效果毕竟有限,这时需要主播配置手持稳定器来保证拍摄效果和画面稳定,如图10-15所示。

4. 运动相机

在户外进行直播时,如果主播不满足于手机平淡的拍摄视角,可以使用运动相机来拍摄。运动相机是一种便携式的小型防尘、防震、防水相机,体积小巧,佩戴方式多样,拥有广阔的拍摄视角,可以拍摄慢速镜头,主播可以在一些极限运动中使用运动相机进行拍摄,如图10-16所示。

图10-15　手持稳定器

图10-16　运动相机

5. 自拍杆

使用自拍杆能够有效地避免"大头"画面的出现,让直播画面呈现得更加完整,更加具有空间感。

自拍杆的种类非常多,如带蓝牙的自拍杆,能够多角度自由翻转的自拍杆,以及带美颜补光灯的自拍杆等。就户外直播来说,带美颜补光灯的自拍杆和能够多角度自由翻转的自拍杆更受欢迎。图10-17所示为一款多角度自由翻转蓝牙自拍杆。

图10-17　多角度自由翻转蓝牙自拍杆

6. 移动电源

很多直播设备都是需要用电的,而户外直播不像室内直播那样充电方便,所以做户外直播需要配备移动电源,以便随时为直播设备补充电量,以保证直播的正常进行。

10.3 直播间的布置

对于室内直播来说，直播间的环境布置是非常重要的，毕竟这是粉丝进入直播间后的第一视觉感受，会直接影响粉丝的观看体验。一个令人赏心悦目的直播间，往往能够快速吸引粉丝的观看兴趣。

➜ 10.3.1 直播间的环境布置

虽然直播间环境的布置并没有统一的硬性标准，主播可以根据自己的喜好进行设计与布置，但总体上还是要遵守以下原则。

1. 直播间要干净、整洁

大部分主播不会准备专门的直播间，而是选择在家或者寝室进行直播。无论选择何处作为直播间，首先要保证干净、整洁，一个脏乱的直播间会让很多人的好感瞬间消失。因此，在开播之前，首先要将直播间整理干净，各种物品要摆放整齐，创造一个干净、整洁的直播环境。

2. 根据直播内容定位直播间的整体风格

在布置直播间前，主播要从直播的类型入手，先明确这个直播间是作为展示才艺的直播间，还是作为电商带货的直播间，然后根据直播内容来定位直播间的整体风格。

例如，对于爱好音乐、脱口秀，装扮甜美、可爱的泛娱乐女主播来说，在布置直播间时可以采用小清新风格，直播间的背景墙可以选择粉红色、樱草色、丁香色等暖色系色调，给人营造一种温暖、清新、甜美的感觉，如图 10-18 所示。而对于电商带货类主播来说，直播间则要突出营销的属性，可以用要销售的商品来装饰直播间，如图 10-19 所示。

图10-18 泛娱乐类直播间

图10-19 电商带货类直播间

3. 直播间的环境布置要与主播的格调一致

这里所说的主播的格调指的是主播的妆容、服装风格等。如果直播间内的环境布置能够与主播的妆容、服装风格保持一致，就能让直播画面在整体上看起来和谐、统一，给观众带来浑然一体的感觉。例如，图 10-20 中的主播穿着民族服装演奏马头琴，其直播间的布置也有民族特色。

4. 利用配饰做适当的点缀

一些别具一格的配饰点缀可以增加直播间的活力，同时也可以让观众对主播有更多的了解，找到更多的话题。例如，主播可以在置物架上放上一些自己喜欢的书籍、玩偶、摆件等，如图 10-21 所示。这样不仅能够增加直播间的活力，还能突出主播的品位和个性特征。在摆放配饰时，要合理安排配饰摆放的位置，切勿让直播间显得过于杂乱。

图10-20　与主播装扮格调一致的直播间

图10-21　利用配饰装扮直播间

5. 背景布放置的距离要合适

如果想节约直播间装修成本，或者直播间装修达不到要求，这时可以尝试使用背景布，如图 10-22 所示。质量上乘的背景布配上合适的灯光，能够形成很好的立体效果。需要注意的是，在直播间内使用背景布时，背景布与主播之间的距离一定要合适，若距离太近，会让人感觉背景对主播有一种压迫感；若距离太远，又会让背景显得不真实。

图10-22　背景布

➡ 10.3.2　直播间的灯光布置

在直播间的环境布置中，除了对直播间的背景、物品摆放有一定的要求外，直播间的灯光布置也非常重要，因为灯光不仅可以营造气氛，塑造视频画面风格，还能起到为主播美颜的作用。

按照光线的造型作用来划分，可以将直播间内用到的灯光分为主光、辅助光、轮廓光、顶光和背景光。不同的灯光采用不同的摆放方式，其创造出来的光线效果也不同。

1. 主光

在直播视频中，主光是主导光源，它决定着画面的主调。同时，主光是照射主播外貌和形态的主要光线，是灯光美颜的第一步，可以让主播的脸部均匀受光。因此，在直播间布光时，只有确定了主光，才有必要添加辅助光、背景光和轮廓光等。

主光应该正对着主播的面部，与视频摄像头上的镜头光轴形成 0° ~ 15° 的夹角，如图 10-23 所示。这样会使主播面部的光线充足、均匀，并使面部肌肤柔和、白皙。主光的灯位高度可以在主播鼻子下制造出对称的阴影，而不会在上嘴唇或者眼窝处制造太多阴影的位置。但是，由于主光是正面光源，会使主播的脸上没有阴影，让视频画面看上去比较平板，缺乏立体感。

2. 辅助光

辅助光是从主播侧面照射过来的光，对主光能够起到一定的辅助作用。使用辅助光能够增加主播整体形象的立体感，让主播的侧面轮廓更加突出。例如，从主播左前方 45° 方向照射过来的辅助光可以使主播的面部轮廓产生阴影，从而突出主播面部轮廓的立体感，如图 10-24 所示；从主播右后方 45° 方向照射过来的辅助光可以增强主播右后方轮廓的亮度，并与主播左前方方向的灯光形成反差，提高主播整体造型的立体感。

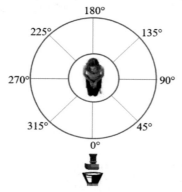

图10-23　主光的布置

图10-24　辅助光的布置

辅助光要放在距离主播两边较远的位置，让主播五官更立体的同时也能照亮周围大环境阴影。它距主播比主光更远，所以只是照亮阴影而不是完全消除阴影。在调试辅助光时需要注意光线亮度的调节，避免因某一侧的光线太亮而导致主播某些地方曝光过度，而其他地方光线太暗。

3. 轮廓光

轮廓光，又称逆光，在主播的身后放置，形成逆光效果，如图 10-25 所示。轮廓光能够明显地勾勒出主播的轮廓，将其从直播间的背景中分离出来，从而使主播的主体形象更加突出。

轮廓光具有很强的装饰作用，它能够在被摄物体的周边形成一条亮边，为被摄物体"镶嵌"一个光环，形成视觉上的美感效果。在布置轮廓光时，要注意调节光线的强度，如果轮廓光的光线过亮，就会让主播前方的画面显得昏暗。

4. 顶光

顶光是次于主光的光源，从主播的头顶位置进行照射，给背景和地面增加照明，能够让主播的颧骨、下巴、鼻子等部位的阴影拉长，让主播的面部产生浓重的投影感，有利于塑造主播的轮廓造型，同时能够强化主播的瘦脸效果。从顶光的位置距离主播的头顶最好在两米以内，如图 10-26 所示。

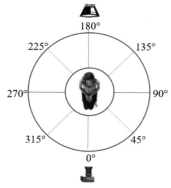

图10-25　轮廓光的布置

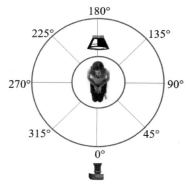

图10-26　顶光的布置

5. 背景光

　　背景光，又称环境光，是主播周围环境及背景的照明光线，其主要作用是烘托主体或者渲染气氛，可以使直播间的各点亮度都尽可能地和谐、统一。由于背景光最终呈现的是均匀的灯光效果，所以在布置背景光时要采取低亮度、多光源的方法，如图 10-27 所示。

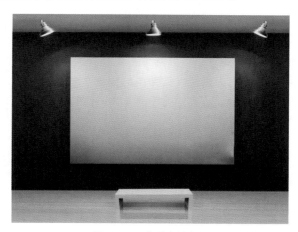

图10-27　背景光的布置

10.4　直播拍摄角度的选择

　　在直播过程中，主播能否找到合适的拍摄角度，使自己更上镜，也是影响直播画面效果的重要因素之一。拍摄角度是指摄像机镜头与被拍摄物体水平之间形成的夹角。拍摄角度包括拍摄高度、拍摄方向和拍摄距离三方面。对于网络直播来说，所用到的拍摄角度主要有拍摄高度和拍摄方向，下面将分别对其进行介绍。

1. 拍摄高度

　　拍摄高度是指摄像机镜头与被摄主体在垂直平面上的相对位置或相对高度，分为俯拍、平拍和仰拍三种，如图 10-28 所示。

图10-28　拍摄高度

（1）俯拍

俯拍是一种从上往下、由高到低的拍摄角度，摄像机镜头高于被摄主体。俯拍容易使被摄主体呈现一种被压抑感，使观众产生一种居高临下的视觉心理。

在直播视频中，主播可以采取45°俯拍角度来进行拍摄，即摄像头与主播正面形成45°夹角，从上往下拍摄，这样可以使主播的脸部显得比较小。但是，这种拍摄角度会显得主播比较矮，所以主播选择45°俯拍角度时可以把下半身隐藏起来，这样拍摄出来的画面效果会更好。

（2）平拍

平拍是指摄像机镜头与被摄主体处于同一水平线的拍摄角度。采取这种拍摄角度形成的视觉效果与日常生活中人们观察事物的正常情况相似，镜头中的被摄主体不易变形，画面也更加稳定。但是，这种拍摄角度会让主播的脸部显得偏大，五官显得没有立体感，需要采取一些手段来减少这种负面效应，如打侧光、侧脸拍摄等。

（3）仰拍

仰拍是指摄像机镜头低于被摄主体，从下向上拍摄。仰拍可以让镜头中的被摄主体显得高大、威严，让观众产生一种压抑感或者崇敬感。

2. 拍摄方向

以被摄主体为中心，摄像机镜头在同一水平面上围绕被摄主体四周选择拍摄点可以从不同的拍摄方向拍摄。在实际拍摄中，拍摄方向通常可分为正面方向拍摄、斜侧方向拍摄、正侧方向拍摄和背面方向拍摄，其中斜侧方向拍摄又分为前侧方向拍摄和后侧方向拍摄，如图10-29所示。

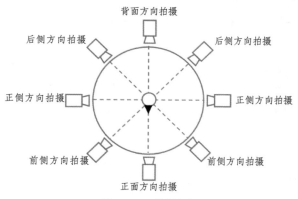

图10-29　拍摄方向

（1）正面方向拍摄

正面方向拍摄是指摄像机镜头在被摄主体的正前方进行拍摄，这种拍摄方向有利于表现被摄主体的正面特征。在直播视频中，大多采取正面方向拍摄，这样可以让观众看到主播完整的脸部特征和表情动作，也有利于主播与观众进行面对面的交流，使观众产生亲切感和参与感。

（2）斜侧方向拍摄

斜侧方向拍摄是指摄像机镜头在被摄主体正面、背面和正侧面以外的任意一个水平方向进行拍摄。斜侧方向拍摄有利于展现被摄主体的形体透视变化，使直播画面活泼、生动，形成较强的纵深感和立体感。

（3）正侧方向拍摄

正侧方向拍摄是指摄像机镜头在与被摄主体正面方向成 90° 角的位置上进行拍摄，即通常所说的正左方和正右方。正侧方向拍摄有利于表现被摄主体侧面轮廓的特征。从正侧方向拍摄人物，能够让观众看清人物相貌的外部轮廓特征，使人物形象富于变化。

（4）背面方向拍摄

背面方向拍摄是指摄像机镜头在被摄主体的正后方进行拍摄。这种拍摄方向能够使直播画面所表现的视线方向与被摄主体的视线方向一致，也就是说，采用背面方向拍摄，主播所看到的空间和景物也是观众所看到的空间和景物，能够给观众带来强烈的参与感。

课后习题

1．简述直播视频内容的创作方式。

2．简述如何布置直播间。